"十四五"时期国家重点出版物出版专项规划项目

中国能源革命与先进技术丛书

储能科学与技术丛书

高温复合相变储热技术及应用

邓占锋　徐桂芝　胡　晓　张高群　陈梦东

张兴华　马美秀　常　亮　蔡林海　康　伟

雷　晰　宋　洁　谭　晖　侯继彪　梁立晓 　著

姚文卓　侯　坤

U0179088

机械工业出版社

本书从介绍高温储热材料和高温储热装置的研究进展入手，就高温储热技术的应用现状和不同应用场景的技术需求进行了简要介绍。书中重点介绍了高温复合相变储热材料，并从配方设计、材料筛选、制备工艺和重要性能测试等方面进行了详细介绍。然后面向复合相变储热材料应用，重点介绍了储热单元模块设计与计算方法，通过实际案例给出了蓄热体的设计方案，重点论述了高温复合相变储热单元的二维和三维热分析方法。并从系统应用出发，介绍了高温储热系统的基本原理和设计流程，包括储热单元、电加热单元、换热单元、循环动力单元、保温结构设计、系统运行控制策略以及面向电网辅助服务的控制技术，对于高温储热系统的实际应用具有较强的指导作用。最后，本书还介绍了高温储热系统的储热/放热的实验，简要评估了高温储热系统的测试性能。

本书可供从事储热相关专业的研究和工程技术人员参考使用，也可为储能科学与工程专业的师生提供借鉴。

图书在版编目（CIP）数据

高温复合相变储热技术及应用/邓占锋等著 . —北京：机械工业出版社，2022.1（2024.2重印）

（中国能源革命与先进技术丛书 . 储能科学与技术丛书）

"十四五"时期国家重点出版物出版专项规划项目

ISBN 978-7-111-69804-3

I . ①高… Ⅱ . ①邓… Ⅲ . ①相变-蓄热-复合材料-研究 Ⅳ . ①TK11

中国版本图书馆 CIP 数据核字（2021）第 251279 号

机械工业出版社（北京市百万庄大街22号 邮政编码100037）
策划编辑：付承桂　　　　责任编辑：付承桂 杨 琼
责任校对：梁 静 刘雅娜 封面设计：鞠 杨
责任印制：单爱军
北京虎彩文化传播有限公司印刷
2024 年 2 月第 1 版第 2 次印刷
169mm×239mm · 15.5 印张 · 299 千字
标准书号：ISBN 978-7-111-69804-3
定价：99.00 元

电话服务　　　　　　　网络服务
客服电话：010-88361066　机 工 官 网：www.cmpbook.com
　　　　　010-88379833　机 工 官 博：weibo.com/cmp1952
　　　　　010-68326294　金 书 网：www.golden-book.com
封底无防伪标均为盗版　机工教育服务网：www.cmpedu.com

前　言

全球能源格局正在发生由依赖传统化石能源向追求清洁高效能源的深刻转变，我国能源结构也正在经历前所未有的深刻调整，清洁能源尤其是可再生能源发展势头迅猛，在 2030 年前碳达峰、2060 年前碳中和的时代背景之下，我国可再生能源在能源消费中的占比将不断提高。电网在实时满足波动性的用户侧负荷需求的同时，将进一步面临更大规模光伏、风电等波动性可再生能源的冲击。如何进一步提升电网消纳波动可再生能源能力，平抑电网峰谷需求冲击，成为新时代电网发展所面临的挑战。

储能技术是支撑我国能源结构调整、大规模发展可再生能源、提高能源安全的关键技术之一。其中，储热技术属于能量型储能技术，能量密度高、成本低、寿命长、利用方式多样、综合热利用效率高，在可再生能源消纳、清洁供暖以及太阳能光热电站储能系统应用领域中均可发挥重大作用。相变储热技术具有在相变温度区间内相变潜热大、能量密度高和系统体积小、储热和释热温度基本恒定等优点，是目前研究的热点，适用于新能源消纳、集中/分布式电制热清洁供暖、工业高品质供热供冷，尤其是需要对温度进行严格控制、储热密度较高的场合。同时，可为电网提供需求侧响应等辅助服务。高温相变储热技术受到广大学术界和产业界越来越广泛的重视。目前，已经应用于民用供热领域，并逐步向更高供能需求的工业供热领域拓展。

作者从 2014 年开始从事高温相变储热技术相关的研究，在相变储热材料配方、相变储热模块规模化制备技术、蓄热体强化传热技术、储热装置接入与控制技术、大容量高温相变储热系统集成及应用方面开展了大量的开创性和引领性工作，积累了丰富的研究经验和大量的技术资料。本书是在作者及其所在团队多年工作经验积累的基础上撰写的。

本书共分为 6 章。第 1 章从介绍高温储热材料和高温储热装置的研究进展入手，就高温储热技术的应用现状和不同应用场景的技术需求进行了简要介绍。第 2 章从配方设计、材料筛选、制备工艺重点介绍了高温复合相变储热材料。第 3 章介绍了高温复合相变储热材料的重要性能测试。第 4 章重点介绍了储热单元模块设计与计算方法，通过实际案例给出蓄热体的设计方案。第 5 章重点论述了高温复合相变储热单元的二维和三维热分析方法。第 6 章从系统应用出发，介绍了高温储热系统的基本原理和设计流程，包括储热单元、电加热单元、换热单元、循环动力单元、保温结构设计、系统运行控制策略以及面向电网辅助服务的控制技术。

本书在编写过程中得到先进输电技术国家重点实验室的大力支持，在此深表感谢。

由于作者知识积累和学术水平有限，且随着储热技术的快速发展，书中难免会出现不足和疏漏之处，敬请读者给予批评指正。

作 者

2022 年 1 月于北京

目　录

第1章

高温储热的适用性及应用场景分析

1

1.1 研究背景

　　能源的发展和利用是全世界、全人类共同关心的问题，也是社会经济发展的重要问题。然而在许多能源利用系统中都存在能量供应和需求不匹配的矛盾，从而造成能量利用不合理和大量浪费的现象。国家能源局发布的2019年全国弃风电量169亿千瓦时，其中新疆（弃风率14.0%、弃风电量66.1亿千瓦时）、甘肃（弃风率7.6%、弃风电量18.8亿千瓦时）、内蒙古（弃风率7.1%、弃风电量51.2亿千瓦时）的弃风率均超过5%，可再生能源并网依旧存在严重的问题。储热储能可将风电转化为热能储存，需要时将热能输出，这对于调峰供热矛盾严重的地区具有重要的实用价值。

　　储热技术作为新能源科学技术中的重要分支，是解决能量供求不匹配，提高能源综合利用率的重要手段。随着人们对节约能源、开发新能源和环境保护的重视，在新能源和工业节能领域的应用日益受到重视。利用储热材料实现能量供应与需求的平衡，能有效提高能源利用效率，达到节能环保的目的，在能源、航天、建筑、农业、化工等诸多领域具有广阔的应用前景，已成为世界范围内研究的热点。高温储热技术，即作用在温度为450℃以上的高温段用储热材料进行热能的储存与释放的储热技术，以其储热密度高、储释热温度易控、释热过程能量衰减少、可大容量能量储存等优点，广泛应用于太阳能热发电、风力发电、空间太阳能热动力系统、建筑节能、电网削峰填谷、平滑负荷、提高电力系统供电稳定性和可靠性等领域。近年来，我国先后在太阳能光热技术领域、工业节能领域、弃风风电消纳以及电网调峰领域开展了储热技术的示范应用研究工作，尤其是在可再生能源利用技术领域，储热技术的应用研发工作取得了明显的进展，建立起了针对太阳能光热电站的高温储热系统，以及应用于风能等可再生能源消纳的大容量热电储热供热系统装置，提高了可再生能源的整体利用效率，而在工业节能领域，余热回收及储热技术的广泛推广提升了工业企业的能源利用率。

1.2 高温储热技术研究进展趋势

高温储热系统通常包括储热材料、储热/换热单元和控制系统等。储热材料是储热技术的基础，其性能直接影响储热系统的设计与运行。目前研究较多的储热材料包括显热、潜热和复合储热材料。显热储热通过物质的温度变化来储存热能，储热材料必须具有较大的比热容，但由于储热密度低、体积庞大，放热过程温度衰减幅度大，给热能转化过程的调控带来困难，并导致系统经济性下降。潜热储热利用材料物相变化过程中吸收（释放）大量潜热以实现热量储存和释放。利用相变潜热材料，可以有效地提升材料的储热密度，也减小了放热过程中的能量衰减，通过复合成型工艺还克服了当前相变材料易泄漏、腐蚀性强等问题。

在储换热装置方面，由储热材料及换热设备共同组成储热/换热单元，储热/换热单元具有装盛储热材料和实现充热与放热的功能。储热/换热单元是储热系统中进行能量储存和释放过程的设备，其储能速率和换热效率直接影响系统的整体性能和经济性。目前，国内外学术界和工业界应用研究最为广泛的储热/换热单元包括管壳式换热单元、板式换热单元。管壳式换热器结构简单，导热性好，能在高温高压下使用，故近年来高温领域对管壳式换热器的研究及优化较多，在高温换热设备中占据主导地位。

储热/换热单元、动力装置和控制系统共同组成储热系统，储热系统的良好动态特性是储热系统高效运行的基础。储热系统的设计也是高温储热技术的关键，也直接关系着储热效率和储热成本。良好的高温储热循环系统必须具有良好的保温效果，高温下实现储热及放热循环，经济、简洁高效且易操控。

本章主要归纳了高温储热技术在高温环境下存在的问题和其关键技术研究进展。由于高温储热技术在高温环境下应用，对高温储热材料在高温下材料的稳定性与使用寿命、高温储热单元与装置传热强化技术、高温储热系统的多目标设计与优化技术，都提出了很高的要求。

1.2.1 高温储热材料研究进展趋势

在高温储热技术中，储热材料不仅要有更高的工作温度和更高的储热密度，还要能在高温下保证材料的稳定性以及长使用寿命等性能要求。根据储热材料的工作温度，可分为低温储热材料（工作温度≤200℃）、中高温储热材料（200℃＜工作温度≤450℃）和高温储热材料（工作温度＞450℃）。根据储热材料的工作原理，高温储热材料可分为高温显热储热材料、高温潜热储热材料和高温化学储热材料三类。

1.2.1.1 高温显热储热材料

高温显热储热是目前高温储热系统中应用最广泛的储热方式，高温显热储热材料是利用材料自身温度升高和降低过程进行热能的储存/释放，主要有熔融盐、鹅卵石、混凝土、镁砖等。熔融盐工作温度范围宽、饱和蒸汽压力低、成本低、密度大、黏度低、热稳定性好，被认为是比较理想的高温显热储热材料，其中以二元混合硝酸盐 Solar Salt 应用最为广泛，其熔融态温度范围为 240~565℃，但 Solar Salt 熔融盐较高的凝固点使得系统运行维护成本较高。鹅卵石和混凝土由于其成本较低，近年来主要应用在一些大规模且对系统体积要求不大的储热装置中，另外其导热系数不高，通常需要添加高导热的组分，或者通过优化储热系统的结构设计来增强传热性能。金属、合金类材料具有较高的导热系数，但是其成本较高限制了其广泛使用。镁砖具有相对高的质量比热容和体积比热容，最高使用温度可达 800℃，近年来在一些紧凑型储热装置中得到广泛应用。显热储热原理简单、技术相对成熟，材料丰富、成本较低，因此广泛用于化工、冶金、热动等热能储存与转换领域，但由于显热储热为变温过程，且储热密度较小，导致设备体积庞大，限制了高温显热储热材料的发展。

1.2.1.2 高温潜热储热材料

潜热储热是利用相变材料发生相变时吸收或放出热量来实现能量的储存。高温相变储热材料由于储热密度高、温度波动小、化学稳定性好和安全性好等特点，成为进一步研究的重点。

根据相变过程的不同，高温潜热储热材料可分为四类：固-固相变材料、固-液相变材料、固-气相变材料和气-液相变材料。其中在储热领域中，常被应用的是固-固相变和固-液相变两种类型，由于固-气相变和气-液相变过程中体积变化过大，使得设备复杂化，所以一般不用于储热。

根据化学性质的不同，高温潜热储热材料可大致分为三类：无机相变材料、金属基相变材料以及高温复合相变材料。为了获得性能优异的相变材料，有时还可将两种以上的相变材料进行复合，从而使材料的整体性能得到优化，得到符合应用要求的复合相变材料。

常见的无机相变材料主要包含陶瓷类和无机盐类材料，其中无机盐类材料具有较宽的相变温度和较高的相变潜热，常见的单质无机盐的相变温度范围为 250~1680℃，相变潜热范围为 68~1041J/g，在应用过程中，为了使无机盐具有合适的相变温度和更大的相变潜热，一些二元盐和三元盐等多元盐被研究开发，无机盐作为储热介质和传热介质应用时，同时需要考虑防腐蚀、降成本等问题。无机盐相变材料包括碱金属或碱土金属的氟化物、氯化物及碳酸盐等，具有储热温度高、热稳定性高、对流传热系数高、比热容高、黏度低、饱和蒸汽压低、价格低的"四高三低"的优势。一些复合盐的热物性见表1-1。

表1-1 一些复合盐的热物性

成分	熔点/℃	相变潜热/(J/g)	密度/(g/cm³)	比热容/[J/(g·K)]	导热系数/[W/(m·K)]
NaCl	801		1.9		
KCl	770		1.99		
CaCl₂	782		2.15	1.09	
75NaF-25MgF₂	832	650	2.68	1.42	4.66
67LiF-33MgF₂	746	947	2.63	1.42	1.15
33.4LiF-49.9MgF₂-17.1MgF₂	650	860	2.82	1.42	2.11
56Na₂CO₃-44Li₂CO₃	496	368	2.33	1.85	0.96
50NaC-50MgCl₂	450	429	2.24	0.93	0.95

金属相变材料兼具高储热密度和高导热系数的特点，这是其他储热材料所不具备的。其主要优点如下：导热系数是传统相变材料的数十倍，有利于系统充放热的快速响应，实现智能控制；金属密度大、单位体积相变潜热高，且相变过程中体积变化率小，远低于传统材料，这有利于实现高度紧凑的蓄热系统设计。

常见的金属相变储热材料有铝以及铝基、锗基、镁基、锌基和镍基合金，其中铝及铝硅合金较为常用。金属铝的相变潜热高达400kJ/kg，但由于相变温度（660℃）较高，且熔融铝液具有很强的腐蚀性，难以找到合适的容器材料，因此金属铝作为储热材料的研究和应用都很少。相比较而言，铝硅合金储热材料具有导热系数大［通常为100~200 W/(m·K)］，储热密度高（相变潜热高达400kJ/kg）及工作温度高且稳定（相变温度在577℃左右，工作温度最高可达620℃），腐蚀性相对较低等特点，已成为目前研究较多的金属相变储热材料，具有良好的应用前景。金属相变材料存在成本高、易氧化以及高温条件下液态有腐蚀性问题，因此金属合金与盛放容器材料的相容性、合金材料的有效封装方式是进一步研究的重要方向。

鉴于传统无机盐储热材料与金属基储热材料存在的问题，近年来高温复合储热材料已成为储热材料领域的热点研究课题。复合储热材料主要指性质相似的二元或多元化合物的一般混合体系，可以弥补单一无机盐或合金材料的缺点，改进储热材料的作用效果，拓宽其应用范围。复合相变储热材料是由相变材料和载体基质组成，相变材料提供大量的潜热，载体材料提供支撑，当相变材料发生相变时，使其存在于一个独立的空间中，保证其不泄漏，从而减小对容器的腐蚀，甚至可以不需要容器，避免了容器传热时的界面热阻，提高了效率，降低了系统成本。

复合结构储热材料有望解决纯相变材料在应用中所面临的某些问题，特别是腐蚀性、相分离和低导热性能等问题，为相变材料提供更好的微封装方法，从而打破制约相变储热技术应用的主要瓶颈。复合结构储热材料拓展了相变材料的应用范围，按照复合体结构不同，大致分为微胶囊储热材料和定型结构储热材料两大类，其中，微胶囊储热材料通常工作在 200℃ 以下，定型结构储热材料可工作于更高温度，通常可以采用的制备方法有混合烧结和吸附浸渍等方法。

在高温复合储热材料中，陶瓷基骨架-无机盐复合的相变储热材料由于其具有成本低、易于批量化生产、储热密度高等特点，受到研究者的普遍关注。陶瓷基骨架具有耐高温、耐腐蚀、耐磨、高强度等优点，是理想的高温储热骨架材料，但是在复合材料中，陶瓷基材料不仅要承受内部容纳的无机盐在微孔中的膨胀收缩带来的机械应力与高温环境下的热应力，还要承担自身和上层的重量，担当结构材料的角色。一旦陶瓷基材料由于热振性能低下导致抵抗不住工作条件下的热冲击，则会造成相变材料泄漏与结构坍塌，带来严重的腐蚀与安全性问题，热冲击能力的好坏也直接影响到复合储热材料的使用寿命，因此提高高温复合储热材料的抗热振性能与循环寿命十分重要。复合储热材料的抗热振性能取决于材料内部的热应力，而热应力的大小取决于其力学性能和热学性能，并且还受构件的几何形状和环境介质等因素的影响，所以复合储热材料的抗热振性能必将是其力学、热学性能对应于各种受热条件及其外界约束的综合表现。

1.2.1.3　高温化学储热材料

化学储热材料是利用可逆化学反应原理，在化学反应过程中伴随着吸热和放热，来实现能量的储存和释放，其储热密度通常高于显热储热和潜热储热，不仅可以对热能进行长期储存且几乎无热量损失，还可以实现冷热的复合储存，因而在余热/废热回收及太阳能利用等方面都具有广阔的应用前景。但化学储热系统复杂、价格高，因此，当前在国内外仍处在研发阶段，商业化进程目前尚未启动，长期来看，热化学储热技术是对现有储热技术的重大革新。

用于蓄热的热化学反应必须满足下列条件：在放热温度附近的反应热大；反应系数对温度敏感；反应速度快；反应剂稳定；对容器的腐蚀性小等。热化学储热根据储能方式的不同分为化学吸附热储存和化学反应热储存两种。

化学吸附热储存是指吸附质分子与固体表面原子形成吸附化学键过程所伴随的能量储存，化学吸附热数值一般略低于化学反应热。热化学吸附储热密度为相变潜热储能的 2~5 倍，具有高效储能和变温储能的优点；且吸附储能过程对热源品质要求不高，适合于以家庭为单位的太阳能跨季节储能的应用；同时，热化学吸附储能还能用于对低品位热能的收集，因而可以广泛应用于分布式冷热联动系统以及低品位余热废热收集。

化学反应热储存是利用反应过程中化学键断裂重组形成新产物伴随的能量储存的原理而进行储能。热化学反应储能的储热密度大，且储能温度范围高于潜热、显热及热化学吸附储能，因此，热化学反应储能广泛应用于高温余热废热回收、太阳能热电站储能及其他可再生能源电站。目前在研的热化学储能体系主要以热化学反应储能为主。

总之，高温显热储热方式具有原理简单、技术成熟、材料来源丰富、成本低廉等优点，但由于其为变温过程，储热密度较小，导致设备体积庞大，限制了高温显热储热材料的发展。高温潜热储热材料不仅储热密度较高，而且储热/放热温度恒定，装置简单，使用方便，易于管理，为了克服传统无机盐和金属基相变储热材料的缺点，目前复合储热材料是高温潜热储热材料研究的热点，是当今世界上流行的研究趋势，但未来还需要在高温热振性能上进一步强化。化学储热具有储能容量大、使用温度高、储能过程热损失小等优点，但同时存在系统复杂、成本高、循环稳定性不高等缺点，尚处于实验室阶段。

1.2.2 高温储热单元与装置研究进展趋势

1.2.2.1 高温储热单元

常用的相变储热材料导热系数较低，导致相变储热系统储热、放热速率较低，限制了在实际生产中的应用。针对这一问题，近年来，对储热单元的传热性能进行强化是高温储热单元研究的重点。

储热/换热单元是储热系统中进行能量储存和释放过程的设备，其储能速率和换热效率直接影响系统的整体性能和经济性。目前国内外学术界和工业界应用研究最为广泛的储热/换热单元包括板式换热单元、管壳式换热单元。板式换热器结构紧凑，重量较轻且可容纳多种介质换热，一般的可拆卸式板式换热器由于本身结构的局限性，使用压力不超过 2.5MPa，使用温度不超过 250℃，此外还存在流体与密封垫片的相容性问题，限制了其在高温储热技术中的应用；管壳式换热器结构简单，导热性好，能在高温高压下使用，故近年来高温领域对管壳式换热器的研究及优化较多，在高温换热设备中占据主导地位。目前强化储热单元的换热性能的方法主要有添加翅片，在相变材料中添加高导热颗粒，添加纽带以及利用内螺纹管传热器等。

1.2.2.2 高温储热装置

在高温储热系统内，由于处于高温环境下，装置内部辐射量增加。在高温下，根据 Stefan-Boltzmann（斯特藩-玻耳兹曼）定律，辐射通量密度 $E = \sigma T^4$，σ 为斯特藩-玻耳兹曼常数。当温度从 500℃升高到 700℃时，辐射量将增大 3.84 倍。处于透明介质（如空气）或具有辐射能力介质中的固体壁面都同时存在着对流换热与辐射换热，因而构成耦合换热过程。这样的换热过程在高温热交换设备中普遍存在，其辐射换热的成分占有较大的比例。

为了防护或热设计等需要，往往在基底材料的表面上涂以涂层或借助制造表面的微纳结构去改变特定热辐射波段的反射、透射、吸收和发射谱特性来提高其表面热辐射性能。在这些涂层或结构中，往往含有许多颗粒、孔隙和夹杂物或者纳米结构，从而使我们通过改变涂层的表观发射比和表观反射比、涂层厚度、表面镜反射率等涂层参数，以及衬底材料发射比，衬底与涂层界面的镜反射率等衬底参数来调节热辐射的换热性能，从而达到强化储热装置储能和释能的目的。

对于熔融盐储热和导热油储热系统来说，储热介质和传热介质为同一种工质，因此使用温度范围有一定的限制，固体储热的方式是利用空气为传热工质，其工作温度范围较宽，因此固体储热的技术方案在高温余热回收等工业技术领域有着较为广泛的应用，根据不同的传热方式，分为填充床式、格子砖式和蜂窝体式等几类。

1.2.2.3 基于复合相变材料的储热装置

由于传统的相变储热/换热装置还存在低导热系数和与单元体材料不兼容等缺点，制约了其储热性能的发展，目前并没有得到根本的解决。近年来无机盐/陶瓷基复合相变材料得到了迅速发展。对于复合相变材料储热装置，其装置设计及强化传热方式与镁砖等固体蓄热技术类似，但由于在高温相变状态时，会出现绝缘和机械性能不足的问题，因此需要从装置结构设计的角度解决。

复合材料在热能的储存过程中，超微多孔通道产生的毛细张力能保持熔盐在陶瓷基体内不流出，从而保持材料整体结构的稳定性。在复合材料的制备过程中，陶瓷基体被烧结形成致密的多孔介质，熔盐和导热系数提高材料填充在其产生的空隙中。因此，对于这种复合材料内部的传热过程，可以被认为是一种微孔介质中的传热。这种多微孔介质内部的传热是一种十分复杂的物理过程，往往伴随着颗粒间的热传导、微孔间的自然对流及热辐射。然而，由于微孔所占材料体积比较小，在预测复合材料中热量的传递过程中，发生在微孔里面的自然对流和热辐射将予以忽略，因此往往只需考虑复合材料组分颗粒间的热传导。

对于复合相变材料储热装置，由于其传热主要考虑材料的导热，其装置设计及强化传热方式与镁砖等固体蓄热技术类似，往往采用在储热单元相变材料区域中和流体侧加入肋板来加大传热流体与相变侧的换热面积，从而达到强化传热的目的，以提高系统的储放热速率。

美国 Naval 实验室设计的输出功率为 50kW 的相变储能锅炉，直径为 23m，高为 23m，使用温度为 620℃，可储存 250kWh 的热量并维持发电 6h。该锅炉包括了若干储能罐。每一罐内装有共晶盐相变储能材料，在需要蒸汽时，泵将热交换工作流体从上部喷至储能罐，吸热后工作流体蒸发、升压，其蒸汽上升至顶部蒸汽发生器，水在此被加热并转换成蒸汽，可用于供热和发电。日本 Comstock 和 Wescott 公司也具备设计和制造单位面积传热量达 20MJ 的相变储能蒸汽发生器的能力。

1.2.2.4　熔融盐类储热装置

熔融盐类储热/换热系统在能源领域中被广泛应用，涉及原子能、太阳能、化学电能、氢能、碳能等，尤其重要的是熔融盐类储热/换热系统在原子能、太阳能中的应用。在原子能工业中，均相反应堆用熔融盐混合物为燃料溶剂和传热介质有许多优点，它的操作温度有可变的范围，燃料的加入比较容易，核裂变的产物可以连续地移出，使热能-化学能-电能的相互转换有效地实现。在核工业中，使用最多的是 $LiF-BeF_2$ 熔融盐体系。而在航天领域中，大量的仪器设备需要电能来维持驱动，特别是当运行到太阳阴影区时，就需要储存的热能来维持。以前用到的主要是太阳能光伏电池，但是其运行的寿命短，需经常更新，这样就增加了运行期间的总成本，而熔融盐式太阳能热动力发电具有能量转换效率高、质量和迎风面积小的优点，并且很容易地扩充至兆瓦级，因此逐步得到广泛应用。

目前世界上已经建设运行和正在建设中带储热的光热电站，储热时间已由过去的 1h、3h 到目前的 6h、9h 甚至十几小时发展。这已经在很大程度上提高了电站运行效率，同时意味着运作成本大幅度降低。目前，太阳能光热电站几乎全部采用熔融盐储热。其中加利福尼亚州的 SEGS 槽式光热电站已经连续运行了 30 年，SEGS 电站之后美国又在西部沙漠地区建设了一大批光热电站。

1.3　高温储热技术应用现状及支撑政策

1.3.1　高温储热技术在新能源消纳中的应用

当前，中国可再生能源迅速发展，但是消纳问题也日益突出。弃风、弃光、弃水现象严重，造成了极大的能源浪费和经济损失。其中，风电的浪费损失非常明显。中国的风电装机容量位列世界第一，但上网电量却不足总发电量的 2%。据统计，西北五省（区）2019 年全年弃风电量为 141 亿千瓦时，弃风率为 33.1%，前三季度弃光电量为 29 亿千瓦时，弃光率为 45.5%。在这种情况下，国内建设了多种风电场储能系统示范项目，然而由于现有项目主要基于电池储能系统，所以成本相对较高，接近 5000 元/千瓦时。相比而言，储热系统具备明显的经济优势。由于风电场储能不能产生新的能源，只是将"弃风"转化为热能储存起来，在目前电力市场和风电政策下，风电场储热的效益主要体现在减小风电场"弃风"带来的电量和收入损失。由于增加了储热设备投资，在未限电条件下，原风电场的收益下降，但随着限电比例的增加，储热系统的效益开始显现，能够明显降低限电带来的收入损失；在风电场限电比例为 13.5% 时，配置储能系统和未配置储能系统的风电场具有相同的收益率；随着限电比例的增加，配置储能系统的风电场的经济性优势将更加明显，即使限电比例达到 50%，风电项目的收益率仍在 8% 以上。无论是太阳能还是光能都是我国未来新能源发展的重要组成部分，而高温储热技术作为实用价值较高的能量保障方式，将成为解决并网消纳问题的重要技术手段。

为改善大规模风电场的功率并网后的电能质量，可在风电场中引入静止无功补偿器，增强系统的稳定性，但静止无功补偿器无法与电网进行有功功率交换，从而无法使用静止无功补偿器来调节风电场的有功功率。风电场有功功率的平滑控制有两种，一种是直接功率控制，通过调节桨距角或者发电机转速等对风电机组本身运行状态来实现，但功率调节能力有限，风电场无法以最大功率点跟踪方式运行，降低了风能利用率。另一种是间接功率控制，即通过配置一定容量的储能系统来实现，储能在电力系统中可以看成一种具有不同时间尺度灵活响应特性的电源，它的应用可以使原本刚性连接的电力系统变得柔性起来，可以实现同电网有功功率的双向交换，实现"削峰填谷"，有效平滑系统的输出功率，同时调节能力较强，明显提高风能利用率，这无疑在很大程度上提高了系统运行的灵活性和可靠性。具体说来，相变储能技术应用于风电场中的可以同样发挥储能共有的作用如下：

1）增强风电并网稳定性：其根本方法就是减小风电场并网功率的波动，提高系统功率的平衡度，储热系统具有快速消纳有功功率的特点，可以采用储热技术来改善风电场并网时的有功功率输出特性，增强系统的稳定性。

2）利用储热系统优化风电经济性：风电场并网运行后，其输出功率的随机性和波动性必然使得系统中的备用容量增加，降低系统运行的经济性。给风电场配置一定容量的储热系统可以很好地解决这些问题，实现风电场风能利用的最大化和风电场运行的经济性。

3）规模化消纳弃风弃光：和传统储能不同，储热用于发电经济性不高的情况，最重要的作用还是电热转化，以热的形式供给就近用户，实现就近消纳。

风电场储热需要配备功率分配系统，该系统能够对风电机组输出功率进行分配，分流出高出电网所需阈值的剩余功率至储热装置，实现风电场输出功率的平衡稳定。储热装置一般选择电加热器组作为功率的消耗设备，借鉴光伏发电系统分流电路的应用，系统设计可采用功率分流电路来实现目标，由电加热器组消耗功率，控制组数和调节调压设备进行功率分流。图 1-1 所示为风电场相变储能功率分配系统的结构示意图，该系统由调功变压器、电加热器、相变储能单元和控制单元组成。

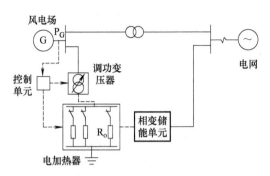

图 1-1　风电场相变储能功率分配系统的结构示意图

　　风能负荷端设置弃风供暖系统，即在负荷侧增加大容量储热装置，白天风力发电上网，夜间富裕风能发电蓄热，以提升风电的消纳能力。

　　高温储热技术在新能源消纳中的作用是实现电能替代的一种应用方式，可更直接地消纳和利用新能源电力实现电能替代，在结合新能源消纳的应用中，如有弃风弃光价格政策的支撑，则经济效益将更加突出。

1.3.2　高温储热技术在电能替代中的意义

　　电能替代是指在能源消费上，以电能替代煤炭、石油、天然气等化石能源的直接消费，提高电能在终端能源消费中的比重。实施电能替代将全方位调整能源消费格局，是解决负荷中心地区的环境问题至关重要的措施。测算结果显示，煤炭、天然气、焦炭的"折算电价"比电价低，石油和液化气的"折算电价"高于电价。随着能源价格比对关系逐步趋于合理，石油和天然气价格将不断上涨，电能在终端能源消费市场的经济性将进一步凸显。煤炭、天然气在经济性方面目前还胜电能一筹，但同样存在很大的替代可行性。天然气是稀缺的一次能源，其不可再生性决定了其价格上涨的势不可挡。如果考虑煤炭环境成本的话，价格也将上升。以电代煤、以电代油、电从远方来、电从绿色来，是这个时代的需要和选择。研究表明，电能占终端能源消费的比重每提升 1 个百分点，单位国内生产总值能耗可下降 4% 左右。大力推广储热电供热电能替代，不仅能破除能源瓶颈，改善污染状况，更能带动相关产业发展，拓宽电力营销市场。

　　高温储能技术作为可再生能源消纳、清洁能源供热供暖和太阳能光热电站中的关键技术，在清洁替代和电能替代中有很强的应用前景。根据国家发改委、国家能源局发布的《能源生产和消费革命战略（2016—2030）》（发改基础〔2016〕2795 号），提出了非化石能源跨越发展行动，预计到 2030 年，非化石能源发电量占全部发电量的比重力争要达到 50%。清洁能源发电将成为未来的主力电源。预计到 2030 年，我国发电装机总容量将达到 28 亿~30 亿千瓦，清洁能源发电装机超过 50%；风电和光伏等清洁能源发电总装机容量接近 10 亿千瓦。
预计 2030 年我国发电装机构成比例如图 1-2 所示。

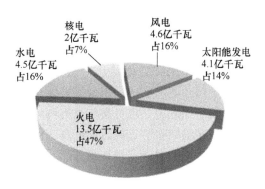

图 1-2 预计 2030 年我国发电装机构成比例

　　我国清洁能源装机集中度高，主要分布在"三北"地区，同时，新能源具有波动性和不确定性的特点，高比例接入电力系统后，常规电源不仅要跟随负荷变化，还要平衡清洁能源出力波动，增加了电网调度困难。同时城市电网的峰谷差问题日益突出，清洁电力的波动性以及电网峰谷负荷变化，会制约电能技术在能源用户端的推广。因此在能源用户终端建立起合适的电能替代设备是电能替代技术发展的重要方向。

　　储热技术中的大容量储热电锅炉容量大，有较大的缓冲区间，可通过与电网的协调控制，同时满足电网调峰和再生能源消纳的需求。储热技术一方面能够作为大容量负荷提升调峰能力，消纳新能源电力；另一方面也可以在用户侧消纳谷电，参与协助电网调峰。因此，储热技术在电力系统中具有广阔的应用前景。

　　我国在清洁供暖方面，可再生能源占比较小。欧盟可再生能源在供热能源中占比将近 30%，我国还在个位数的起点。而我国的清洁供暖潜力巨大，2018 年 1月，清华大学建筑节能研究中心与国际能源署联合发布《中国区域清洁供暖发展研究报告》，报告对我国的清洁供暖情况进行了分析。报告指出，我国目前的总建筑面积为 573 亿平方米，包括北方城市供暖地区大约 130 亿平方米的面积（清华大学建筑节能研究中心，2017）。北方采暖地区集中供暖管网覆盖的建筑面积大约为 67 亿平方米，较小的县级和村级管网覆盖的面积估计还有 18 亿平方米（住建部，2015），管网覆盖面积达到 85 亿平方米，其中 2015 年消费了 1.85亿吨标准煤，高于英国全国的能源消费总量。管网未覆盖地区约 45 亿平方米。预计到 2030 年，中国的室内采暖最终能源需求会增加约 15%，预计到 2050 年，中国的总建筑面积还会增加 40%，将超过 800 亿平方米（IEA，2017），建筑能源需求在 2050 年大约折合 3.1 亿吨标准煤，约 $9×10^{18}$ J。

因此，发展电制热供暖技术，特别是储热供暖，可实现新能源规模化消纳、削峰填谷，同时，还可以减少二氧化碳排放，减少雾霾，电能替代潜力巨大，前景十分可观。

1.3.3　高温储热技术在清洁供暖中的应用现状分析

高温储热技术可将新能源电力或谷电转化为热能储存在高温电热储能装置里，进行风电等清洁能源供暖和电能替代，用于居民供热供暖、工业供热。储热能够作为大容量负荷消纳新能源电力，也可参与电网调峰，消纳谷电，在未来具有广阔的应用前景。同时，高温储热装置储热温度高、储热密度大，体积小、占地少，将高温热能储存后通过热能梯级利用技术，还能够满足工业用热用户和居民取暖用户的多样化需求。

目前，电供暖的形式有各种各样。按照电能与热能之间是否有中间介质参与，电供暖系统可以分为直接电供暖系统和间接电供暖系统；按照储热介质的不同可以分为热水式电供暖系统、蒸汽式电供暖系统、熔融盐式电供暖系统；按照有无相变可以分为固体蓄热电供暖系统和相变储热电供暖系统；按照管理方式可以分为集中式电供暖系统和分布式电供暖系统。

固体蓄热式的储热装置是利用高温镁砖储存热量，采用加热电极加热，利用镁砖可高温（大于500℃）储存的特点，实现大容量的储存，一般应用镁砖后，装置容量为热水系统的1/5左右。利用夜间的低谷电或者弃风电转化成热能储存起来，根据实际的需求，利用不同的换热装置将所储存的热能以热风、热水和热蒸汽的方式释放出去。这类装置目前已在多个地方有相关的应用，用于室内供暖的需求，已经初步形成了规模。

基于固体显热储热技术的蓄热式电暖器是一种电力取暖设备，储热材料主要选用氧化镁、氧化铁镁这两种材料，采用砖块的形式实现热能的储存。利用夜间的低谷电加热7~8h，把热量储存在特制的蓄热砖中，实现全天24h持续供热。在执行峰谷电价政策的区域，蓄热式电暖器可设定在低谷电时段通电加热，这样便利用"低谷电价"，实现了"低谷蓄热，电费减半"。蓄热式电暖器以电热管为加热元件，以蓄热砖为热媒，没有燃烧、没有水、无废弃物排放，运行无噪声，没有复杂的安装过程，只有完全一体且体积较小的取暖设备，可以作为利用清洁能源供暖的重要途径之一。

2018年7月底，国家四部委联合发布的《关于扩大中央财政支持北方地区冬季清洁取暖城市试点的通知》明确提出，清洁取暖试点城市申报范围扩展至京津冀及周边地区大气污染防治传输通道"2+26"城市、张家口市和汾渭平原城市，三年示范期结束后试点城市城区清洁取暖率要达到100%。

储热技术在民用供暖中已经取得广泛的商业应用，对于促进电能替代，提高电能在终端能源的占比，以及节能减排方面发挥了巨大作用。但工业用热方面应用还较少。未来随着社会发展和政策的完善，储热技术必将在社会中发挥更大的作用。

1.3.4　高温储热技术在工业用热中的应用现状分析

工业用热占工业能源需求的三分之二，几乎占全球能源消耗的五分之一。它也构成了每年直接排放的大部分工业二氧化碳，因为绝大多数工业用热源于化石燃料燃烧。尽管这些数字令人印象深刻，能源分析却往往缺少工业用热的部分。

目前在工业领域方面，大规模运行中的储热系统工作温度还处在一个较低的范围，而诸如玻璃/陶瓷工业烧结窑炉、有色冶炼工艺、高温固态氧化物制氢等工业用户，采用化石能源来满足高温用热（大于700℃）需求。为了减少包括玻璃陶瓷行业、有色冶炼行业等在内的高能耗行业对化石能源的依赖，需要开发高温电锅炉、电窑炉等高温储热技术来替换现有的燃煤、燃油和燃气锅炉，为工业用户提供高温的热源。

1.3.4.1　工业用热应用现状分析

尽管 2017 年"世界能源展望"中体现的工业热量需求（在所有温度水平上）都在增长，但根据温度要求，潜在的驱动因素是不同的。高温（高于400℃）的热量占到 2040 年工业热需求总量增长的二分之一，在过去的 25 年中，由于中国的钢铁、水泥等重工业的快速发展，高温热量占总体热需求增长的三分之二。也就是说，发展中的亚洲继续推动着我们的需求增长：2040 年前，仅仅在这个地区，高温需求的增长就占到全球工业用热需求增长的一半左右。

除欧盟和日本以外，到 2040 年，大部分地区的高温热量使用量都将增加。包括发展中国家在内的各地区，高温热量的前景变化更大。中国成为全球主要驱动力，印度的增加也很明显。

随着工业热量需求的不断增长，它在与能源相关的二氧化碳排放量中所占的份额也相应增加，到 2040 年将占全球排放量的四分之一。为减少这一全球趋势而采取的努力将面临各种挑战。首先，工业热量通常在现场产生，使得它比大型火力发电厂等相对集中的部门更加难以管理。与其他部门相比，这一领域的政策点也很有限。

其次，住宅和商业建筑的供暖需求有明确标准，但工业供热包括了各种工艺、用途的多种温度水平。例如，水泥窑需要高温，而食品工业中的干燥或洗涤应用则在较低的温度下运行。据所需的温度水平，可以选择使用不同的技术和燃料，但是这些选项通常是不可互换的。例如，来自热泵的低温热量不能取代燃气锅炉的高温热量。对于高于 400℃ 的应用，直接用可再生热源（如太阳能和地热）很难产生经济性。生物能源可用于高温热需求，但需要一定的运行条件并受到地区资源的限制，因此高温蓄热在工业用热中变得越来越重要。

1.3.4.2 电锅炉蓄热技术在工业用热的应用分析

对于电锅炉蓄热系统设计，主要是从技术可行、投资、经济性等几个方面考虑。由于蓄热技术产生的历史较短，至今为止国家尚未有规范性的文件出台。蓄热技术发展良莠不齐，造成国内部分蓄热系统运行情况欠佳，但也有很多成功的典范。

（1）蓄热载体的选择

蓄热技术根据热载体的不同主要分为水蓄热和固体材料蓄热两种，但就目前的技术分析来看，固体材料蓄热载体是最为理想和可行的。

所谓水蓄热就是将水加热到一定的温度，使热能以显热的形式储存在水中，当需要使用时，再将其释放出来提供采暖或直接作为热水供人们使用。一般来说，水的蓄热温度范围为 40~130℃。根据使用场合的不同，对于生活用水，蓄热温度为 40~70℃，可以直接提供使用；对于饮用开水，可以蓄热至 100℃；对于末端为风机盘管的空调系统，一般蓄热温度为 90~98℃；对于末端为暖气片的采暖系统，蓄热温度为 90~130℃或更高。但缺点是占用建筑面积太大；保温效果差且热效率低；控制系统繁琐，锅炉管理系统要求严格。固体材料蓄热装置就是把热量储存在 MgO 砖内，蓄热温度达到 800℃。当需要使用时，再将其释放出来提供采暖和洗浴及生活用水使用。使用温度可随意设定。

（2）蓄热装置

对于蓄热电锅炉系统，必须重点考虑蓄热装置内高温蓄热问题和高温材料使用问题。蓄热装置的温度设计和耐高温材料的选用是关键。

众所周知，在大气压力下，水的饱和温度是 100℃。如果增加压力的话，便可得到其饱和温度相应于所加压力、温度超过 100℃的高温水。对电锅炉蓄热水系统而言，如果蓄热温度超过 100℃便可称之为高温蓄热系统。高温蓄热系统是一个闭式系统。锅炉出水温度控制在 95℃以下，主要用于采暖和洗浴。

高压直入大功率固体蓄能热水机组，可以直接在 10kV 高压等级下工作，可多组联机使用，以满足超大型现场的用热需求。高压大型固体蓄能热水机组将夜间谷时段电能转换为热能进行储存，根据不同的需求，将储存热能交换至热水用于工业热源，从而实现大功率热能储存调峰，有效地缓解电网峰谷矛盾。大规模电热储热装置可利用谷电替代燃煤燃气，为各类工业用户提供高温蒸汽或者空气，用于其蒸馏、干燥等过程，一方面可减少用户侧使用煤炭等化石燃料燃烧所带来的环境污染问题，另一方面利用谷电可对于提升电网设备利用率、延缓设备投资，具有明显的社会经济效益。

1.3.5 高温储热技术在光热技术中的应用

光热发电是清洁替代的重要形式，具有发电系统效率较高、系统输出特性易被电网接受，以及发电规模效应明显等优点，这使得光热发电技术被全球多个国家重视并大力发展。截至 2019 年底，全球太阳能热发电累计装机容量为6.59GW，平均效率超过 12%。美国和西班牙技术开发应用最早，占据光热发电装机容量比例最大，南非、智利、摩洛哥、中国等新兴市场迅速发展。光热发电按照集热温度的高低，可分为槽式系统、碟式系统和塔式系统三大基本类型。其中，槽式系统介质温度范围为 150~350℃，碟式系统介质温度可达 700℃，塔式系统介质温度最高，介质可被加热到 1100℃。太阳能利用受到光照、气候、季节、地域等因素的影响，制约了太阳能利用的连续性和稳定性，储热技术是保障太阳能发电持续可控的有效手段。

传统储存介质无法达到光热电站所需的储存温度，高温储热系统可将日光充足时的热能储存起来。在日光辐射不足或夜间无光时释放出来产生蒸汽发电；电力需求不足时将热能储存起来，在电力需求峰值时利用储存的热能发电，实现电网"削峰填谷"的作用。储热系统和储热材料是太阳能光热发电系统的关键。研究高效低成本和性能稳定的储热材料及系统是储热工作的重心，对太阳能热发电的发展和应用具有重要的意义。

1.3.5.1 太阳能光热电站储能系统简介

太阳能不同于火电机组所用的化石能源，受到云量、阴雨等天气以及昼夜更替这些因素的影响，其供给是不可控的，具有间断性和不稳定性的特点，为了保持供热或供电装置的稳定不间断的运行，就需要蓄热装置把太阳能储存起来，在太阳能不足时再释放出来，从而满足生产和生活用能连续和稳定供应的需要。目前，随着太阳能光热技术的发展，为了调高太阳能光热电站的效率，太阳能光热电站的工作温度不断上升，从中温往高温（大于 650℃）发展。高温储热技术恰恰可以利用自身的特点，适应太阳能光热电站高温工作温度的需求。在光热发电技术中因包含了热交换环节，天然具备了与高温储热技术结合的条件。包含储热系统的太阳能光热电站可以保持连续性满负荷发电，具有良好的可调度特性。并且太阳能光热电站的热交换系统具有较好的可控性和调节能力，能支持汽轮机组进行快速出力调节，具有与燃气机组类似的爬坡能力，最快可以达到每分钟调节20% 的装机容量，远高于普通火电机组每分钟调节 2%~5% 的装机容量。而在光照条件好时，可以将多余的热量储存起来，待用电高峰时将热量释放出来，同样可以起到削峰填谷的作用。高温储热技术同时兼具了容量大、效率高、成本低等优势，这也使得高温储热技术可以突破可再生资源的自身限制，增加发电时间，平滑太阳能等可再生能源发电的波动性和间歇性以降低其对电网的冲击。

　　为了实现太阳能热电站夜间的可连续供电，美国、德国、以色列、西班牙等很多国家，都把熔融盐作为蓄热介质应用到光热发电储能中去。例如德国宇航中心研制具有三段式储能单元的系统已经被应用于太阳能电厂的蒸汽发电（见图1-3），相变材料的潜热储热被有效地运用于水的蒸发，采用硝酸钠为相变材料（相变温度为306℃），系统设计的总储热能力为1MW/h。经过4000h，172个循环的测试，系统性能仍然稳定。

图1-3　三段式储热系统图

　　作为光热电站可持续发电的核心，储热系统的存在使光热发电从波动性、间断性的电源变为可调可控的优质电源，使其具备跟踪调度计划能力和调峰能力。随着集热器聚光方式从线聚光向点聚光发展，聚光温度逐渐提高，换热介质和储热系统的温度都由中低温（570℃以下）向高温（650℃以上）方向发展，系统效率有显著提高。开发高温储热技术也就成为高温光热发电的核心技术，一方面可有利于高效光热发电技术的综合成本降低与规模化推广，缓解新能源电站与电网之间的矛盾，增强可再生能源电站的调节能力，提高电网接纳可再生能源电力的能力，提升电力系统稳定可靠运行能力，保证社会的能源安全；另一方面，高温储热系统的研发有利于促进光热发电技术的规模化应用，提高可再生能源发电比例，降低化石能源电站的装机比例，降低污染物排放与CO_2排放，为社会提供绿色新能源电力。高温储热技术在光热电站中的应用如图1-4所示。

　　熔融的无机化合物被称为熔融盐或简称为熔盐。熔融盐具有很高的热容和热传导值，以及高的热稳定性和质量传递速度。在熔融盐储热系统中，当能量超过了负荷需求时，能量可以被用来加热熔融盐，然后把高温熔融盐储存在一个容器

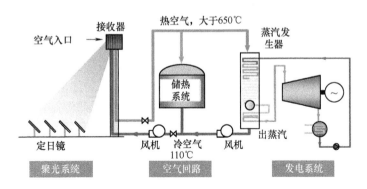

图 1-4　高温储热技术在光热电站中的应用

中。当负荷需求大于能量时，高温熔融盐被泵抽出，通过一个热交换器，实现熔融盐储存热量向所需能量的转化。熔融盐蓄热系统目前有两种应用形式：单罐斜温层显热蓄热系统、双罐显热蓄热系统。

（1）单罐斜温层显热蓄热系统

为了降低太阳能发电系统的成本，美国 Sandia 国家实验室 Pacheco 等提出用熔融盐单罐斜温层显热蓄热系统代替较通用的双罐熔融盐蓄热系统（见图 1-5），可以大幅度降低成本。

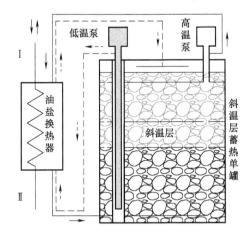

图 1-5　熔融盐单罐斜温层显热蓄热系统

单罐斜温层内装有多孔介质填料，依靠液态熔融盐的显热与固态多孔介质的显热来蓄热。其工作原理如下：单罐斜温层利用密度与温度冷热之间的关系，当高温熔融盐液在罐的顶部被高温泵抽出，经过油盐换热器冷却后，由罐的底部进

17

入罐内时，或者当低温熔融盐液在罐的底部被低温泵抽出，经过油盐换热器加热后，由罐的顶部进入罐内时，在罐的中间会存在一个温度梯度很大的自然分层，即斜温层，它像隔离层一样，使得斜温层以上的熔融盐液保持高温，斜温层以下的熔融盐液保持低温，随着熔融盐液的不断抽出，斜温层会上下移动，抽出的熔融盐液能够保持恒温，当斜温层到达罐的顶部或底部时，抽出的熔融盐液的温度会发生显著变化。单罐斜温层系统是一个罐同时储存高低温熔融盐液，而双罐系统是一个罐储存高温熔融盐液，换热后储存在另一个低温罐，因此可几乎节省一个罐的制造成本，单罐斜温层系统又因使用便宜的固态多孔介质蓄热，可降低较贵的熔融盐使用量。为了维持罐内的斜温层，就必须严格控制盐液的注入和出料过程，在罐内填充合理孔隙率的多孔蓄热材料以及配置合适的成层设备。

（2）双罐显热蓄热系统

双罐显热蓄热系统又可分为直接蓄热与间接蓄热两种形式。在双罐直接蓄热系统中，聚光集热系统中的传热介质与蓄热系统中的蓄热介质同为熔融盐，图1-6所示为采用熔融盐双罐蓄热的塔式太阳能热发电站结构图，电站运行最高温度可达565℃。在双罐间接蓄热槽式太阳能发电系统（见图1-7）中，导热油作为一次换热工质，经导热油泵驱动，流过槽式集热场，与真空集热管发生热量交换。被加热的高温导热油流过一次换热器，导热油与熔融盐发生热量交换，将熔融盐从低温加热到高温，并储存在高温熔融盐罐中。由于受到聚光集热系统传热介质导热油最高温度不超过400℃的限制，即使蓄热介质为熔融盐，蓄热系统的最高工作温度也仅为393℃。

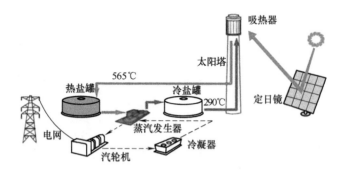

图1-6 采用熔融盐双罐蓄热的塔式太阳能热发电站结构图

1.3.5.2 光热电站高温储热技术方案设计优化

高温储热和释热过程涉及复杂的固液两相流、非平衡高温传热和传质的问题，高温材料和换热工质的自身特性也随着换热过程而动态变化，传热过程不仅

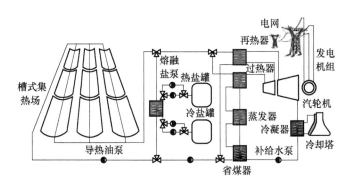

图 1-7 双罐间接蓄热槽式太阳能发电系统

涉及强制对流传热，辐射过程也成为不可忽略的传热方式。高温储热系统的设计需要尽可能地保证高温的热能在储存过程中其温度没有过多的下降，而这既需要增加换热面积，又需要加强辐射和对流的换热强度，同时还需要控制成本。高温储热系统长时间工作在高温环境下，对装置支撑结构的材料会造成很大的考验，通过结构设计和保温等手段对设备的支撑结构进行优化设计，可保证其强度保持在安全的范围内。

储热系统的优化设计是在满足用户需求、热负荷和设计标准等的要求下，寻求满足一个或多个优化目标的最佳设计方案。应用场合不同，选取的性能指标也有所不同，常用的性能指标有换热量、重量、体积、熵产率、阻力或其他经济指标等。虽然评价高温储热系统性能的指标数目众多，但总体上可以分为两类，一类是以成本最小为目标函数，另一类是基于热力学第二定律的优化设计。现有高温储热系统优化设计方法大致分为两类，一类是以高温储热系统的总成本最小为目标函数，另一类是以无量纲化的高温储热系统中的㶲产最小为目标函数。第一类方法虽然降低了高温储热系统的成本，但以牺牲高温储热系统的性能为代价。第二类方法虽然提高了高温储热系统的性能，但增加了高温储热系统的成本。对高温储热系统进行多目标优化设计时，选取高温储热系统总成本和㶲耗散数为两个独立的目标函数，以换热通道长度、换热通道数目、换热部件布置方式、换热面积等作为设计变量，以容许压降和高温储热系统设计标准要求为约束条件，形成了高温储热系统的多目标优化设计问题，并应用新一代数值模拟方法求解该优化问题。

1.3.5.3 在太阳能光热领域的应用

熔融盐具有价格低、使用温度范围广、可传热储热一体化等优点，被普遍作为传热储热介质首选。国内外对熔融盐及其传热储热技术在太阳能热发电中的应用开展了广泛的研究，并取得了显著的效果。

近年来，随着欧美国家太阳能光热发电的兴起，熔融盐储热/换热系统也被广泛应用。目前，美国、德国、以色列、西班牙、南非、印度、中东等很多国家，都把熔融盐系统应用到光热发电储能中。熔融盐具有广泛的使用温度，相对于其他的流体（有机物流体、水和液态金属），它的使用范围最广，而且具有较低的蒸气压，特别是混合熔融盐，蒸气压更低。由于具有较低的黏度，系统流动运行安全性较高，同时化学稳定性好，特别是在高温下使用状态稳定。

我国幅员辽阔，有着十分丰富的太阳能资源。据估算，我国陆地表面每年接收的太阳辐射能约为 50×10^{18} kJ，全国各地太阳年辐射总量达 $335 \sim 837$ kJ/（cm^2 · a），中值为 586kJ/（cm^2 · a）。从全国太阳年辐射总量的分布来看，西藏、青海、新疆、内蒙古南部等广大地区的太阳辐射总量很大；尤其是青藏高原地区最大，那里平均海拔高度在 4000m 以上，大气层薄而清洁，透明度好，纬度低，日照时间长。前瞻产业研究院发布的《2018—2023 年中国光热产业市场前瞻与投资战略规划分析报告》数据显示，中国光热发电的资源潜力高达 16TW，而美国有15TW，西班牙仅有 0.72TW。

配置储热系统的光热电站可以保证电力的稳定输出，并为电网提供灵活友好型电力。光热电站储热的主要目的是保障电站的稳定和连续运行，从而满足电网的需求并获得最高的经济性。根据我国首批光热示范项目，储热时长达到 4h 以上是申报的必要条件，而最终入选的 20 个项目设计储热时长大多在 6h 以上，最长可达 16h。储热量的确定除了要考虑经济性，还应考虑电网对调峰的要求。

1.3.6 高温储热技术相关支撑政策

1.3.6.1 "十三五"期间高温储热技术支撑政策

"十三五"期间，为缓解我国冬季大气污染问题，建设生态文明和美丽中国，国家相关部委出台了一系列节能减排、清洁供暖规划以及措施等方面的政策，为清洁供暖行业的发展提供引导与支撑。电网公司等央企主动提高政治站位，积极承担清洁取暖推动责任，建立"政府主导、电网引领、社会参与"的常态化工作机制，联合社会企业开展清洁取暖试点示范项目建设，引导推动实施清洁供暖替代，带动全社会主动实施清洁取暖的氛围，具体政策如下：

一是固体相变储热技术助力电能替代，实现电力削峰填谷，提升社会能效。在《关于推进电能替代的指导意见》中提出居民采暖、生产制造、电力供应与消费等领域内采用蓄热式电锅炉实现电能替代，促进电力负荷削峰填谷，提高社会用能效率。

二是固体相变储热技术助力能源消费绿色转型，实现能源清洁利用，优化用能方式。在《能源生产和消费革命战略（2016—2030）》等政策中提到"储能"作为新型技术，建设"源—网—荷—储"协调发展、集成互补的能源互联网，实现能源高效、灵活接入以及生产、消费一体化，丰富能源新模式、新业态、新产品。特别在储热技术中强调"高参数高温储热、相变储热"技术。

三是固体相变储热技术助力北方地区清洁供暖，"煤改电"清洁取暖利用，优化用能方式。在《北方地区冬季清洁取暖规划（2017—2021 年）》等北方清洁取暖政策中提到"蓄热式电锅炉"作为清洁取暖方式之一，同时提到蓄热式电锅炉可以配合电网调峰，有助于消纳风电、光伏发电等可再生能源电力。"十三五"期间国家层面蓄热式电锅炉相关政策见表 1-2。

表 1-2　"十三五"期间国家层面蓄热式电锅炉相关政策

发布时间	发 布 部 门	文 件 名 称
2016.05	国家发展改革委、国家能源局、财政部、交通运输部等八部门	《关于推进电能替代的指导意见》（发改能源〔2016〕1054 号）
2016.12	国家发展改革委、国家能源局	《能源生产和消费革命战略（2016—2030）》（发改基础〔2016〕2795 号）
2017.05	财政部、住房和城乡建设部、环境保护部、国家能源局	《关于开展中央财政支持北方地区冬季清洁取暖试点工作的通知》（财建〔2017〕238 号）
2017.09	国家发展改革委	《关于印发北方地区清洁供暖价格政策意见的通知》（发改价格〔2017〕1684 号）
2017.09	住房和城乡建设部、国家发展改革委、财政部、国家能源局	《关于推进北方采暖地区城镇清洁供暖的指导意见》（建城〔2017〕196 号）
2017.12	国家发展改革委、国家能源局、财政部、环境保护部等十部委	《北方地区冬季清洁取暖规划（2017—2021 年）》（发改能源〔2017〕2100 号）
2017.12	国家能源局	《关于做好 2017—2018 年采暖季清洁供暖工作的通知》（国能综通电力〔2017〕116 号）
2018.06	国务院	《中共中央 国务院关于全面加强生态环境保护坚决打好污染防治攻坚战的意见》（中发〔2018〕17 号）
2018.06	国务院	《关于印发打赢蓝天保卫战三年行动计划的通知》（国发〔2018〕22 号）
2018.06	财政部、住房和城乡建设部、生态环境部、国家能源局	《北方地区冬季清洁取暖试点城市绩效评价办法的通知》（财建〔2018〕253 号）
2018.06	国家发展改革委	《关于创新和完善促进绿色发展价格机制的意见》（发改价格规〔2018〕943 号）
2018.07	国家能源局	《电力行业应急能力建设行动计划（2018—2020 年）》（国能发安全〔2018〕58 号）

（续）

发布时间	发布部门	文件名称
2018.07	财政部、生态环境部、住房和城乡建设部、国家能源局	《关于扩大中央财政支持北方地区冬季清洁取暖城市试点的通知》（财建〔2018〕397号）
2018.11	国家能源局	《关于做好2018—2019年采暖季清洁供暖工作的通知》（国能发电力〔2018〕77号）
2019.02	生态环境部办公厅	关于印发《2019年全国大气污染防治工作要点》的通知（环办大气〔2019〕16号）
2019.04	国家发展改革委等五部委	《关于进一步做好清洁取暖工作的通知》（发改能源〔2019〕1778号）
2019.04	国家能源局	《关于完善风电供暖相关电力交易机制扩大风电供暖应用的通知》（国能发新能〔2019〕35号）
2019.10	生态环境部等	《京津冀及周边地区2019—2020年秋冬季大气污染综合治理攻坚行动方案》（环大气〔2019〕88号）
2020.03	国家发展改革委、司法部	《关于加快建立绿色生产和消费法规政策体系的意见》（发改环资〔2020〕379号）

1.3.6.2 "双碳"目标和以新能源为主的新型电力系统衍生支撑政策

2020年9月22日，国家主席习近平在第七十五届联合国大会一般性辩论上发表重要讲话提出，中国将提高国家自主贡献力度，采取更加有力的政策和措施，二氧化碳排放力争于2030年前达到峰值，努力争取2060年前实现碳中和。

2020年11月3日，党的十九届五中全会审议通过的《中共中央关于制定国民经济和社会发展第十四个五年规划和二〇三五年远景目标的建议》中提到"提升新能源消纳和存储能力"。

2020年12月30日，国家能源局印发《关于加快能源领域新型标准体系建设的指导意见》，其中提出"储能"作为新兴领域的技术之一，率先推进新型标准体系建设，发挥示范带动作用。

2021年2月1日，国家能源局印发的《2021年能源监管工作要点》中要求深入北方地区清洁取暖是实现民生要事、实事监管的要点之一。并提出积极推进储能设施等参与辅助服务市场，推动建立电力用户参与辅助服务的费用分担共享机制。

2021年2月22日，国务院发布《关于加快建立健全绿色低碳循环发展经济体系的指导意见》，提出继续做好农村清洁供暖改造、老旧危房改造，打造干净、整洁、有序、美丽的村庄环境。

2021 年 3 月 1 日，国家电网公司发布碳达峰碳中和行动方案，方案称，将深挖工业生产窑炉、锅炉替代潜力。推进电供冷热，实现绿色建筑电能替代。加快乡村电气化提升工程建设，推进清洁取暖"煤改电"。积极参与用能标准建设，推进电能替代技术发展和应用。

2021 年 3 月，国家发展改革委、国家能源局印发《关于推进电力源网荷储一体化和多能互补发展的指导意见》，提出结合清洁取暖和清洁能源消纳工作开展市（县）级源网荷储一体化示范，研究热电联产机组、新能源电站、灵活运行电热负荷一体化运营方案。

2021 年 3 月 5 日，受国务院委托，财政部提请十三届全国人大四次会议审查《关于 2020 年中央和地方预算执行情况与 2021 年中央和地方预算草案的报告》。提出大气污染防治资金安排 275 亿元，增长 10%，重点支持北方冬季清洁取暖和打赢蓝天保卫战。

2021 年 3 月 13 日，新华社发布正式版《中华人民共和国国民经济和社会发展第十四个五年规划和 2035 年远景目标纲要》，其中提出持续改善京津冀及周边地区、汾渭平原、长三角地区空气质量，因地制宜推动北方地区清洁取暖、工业窑炉治理。

2021 年 3 月 15 日下午，中共中央总书记、国家主席、中央军委主席、中央财经委员会主任习近平主持召开中央财经委员会第九次会议，提出要构建清洁低碳安全高效的能源体系，控制化石能源总量，着力提高利用效能，实施可再生能源替代行动，深化电力体制改革，构建以新能源为主体的新型电力系统。

2021 年 4 月 12 日，国家发展改革委关于印发《2021 年新型城镇化和城乡融合发展重点任务》的通知，提出控制城市温室气体排放，推动能源清洁低碳安全高效利用，深入推进工业、建筑、交通等领域绿色低碳转型。

总之，从政策层面看，固体相变储热技术在电能替代、能源消费绿色转型和北方清洁供暖等中具有至关重要的作用。同时，固体相变储热技术将推动实现建筑供冷供热、工业等领域内"碳达峰"目标、能源绿色低碳转型、提升新能源消纳比率，也已开始纳入"十四五"相关支撑政策。

1.4　不同应用场景对储热系统的技术需求及经济性分析

如前所述，高温储热技术在电力系统中不仅能实现电能替代，还能在清洁替代上发挥其特点和优势，适用于电力系统中许多不同的应用场景，适应全球能源发展的趋势。在不同的具体的应用场景对高温储热系统提出了不同的技术需求（见表1-3），因此需要根据各个场景对高温储热系统的技术需求进行分析，明确储能容量、储热密度、功率等技术指标。此外，对不同应用场景下的经济性分析也是高温储热技术发展的主要关注点。

表1-3　几种典型应用场景对高温储热系统的技术需求

应 用 场 景	规模/MW	释能时间	循环次数	响应时间
可再生能源发电	1～400	1min～8h	(0.5～2)/d	<15min
削峰填谷	0.001～1	1min～8h	(1～29)/d	<15min
季节储能	500～2000	30～180d	(1～5)/a	1d
负荷跟踪、爬坡控制	1～2000	15min～1d	(1～29)/d	<15min
缓解输、配网电力堵塞	10～500	2～4h	(0.14～1.25)/d	>1h
余热利用	1～10	1h～1d	(1～20)/d	<10min

从表1-3中可以看出，不同的应用场景对储能系统在规模、释能时间、循环次数以及响应时间上有不同的技术需求。此外，储热系统还有如储热密度、成本等技术指标，如在用户侧对高温储热技术的技术需求比较注重储热系统的储热密度、使用寿命以及成本等。

高温储热技术作为一种储能方式，可以实现大容量储热，释能时间能达到24h以上，而通过不断地改进技术，也可以在储热密度和使用寿命上达到一个较好的水平，基本上都能满足大多应用场景的技术需求，而且其单位成本目前在各项储热技术中处于一个相对较低的水平，具有广阔的应用前景。

1.4.1　电网调峰、清洁电力消纳中的技术需求分析

在输配电领域，随着国民经济的发展，整个社会对电能需求不断增长，使电网负荷不断地扩大，这加剧了电网供电的峰谷差问题，谷期电力白白地浪费或者电厂机组降低负荷甚至停机，而峰期则不得不采取拉闸限电的方式来抑制峰期用电，导致电力设备的平均利用时间减少，发电机组的效率降低，对电厂和经济效益造成极大的影响，也对电网的安全稳定运行造成危险。因此电网也迫切需要诸如高温储热技术这样的大容量储能技术来实现削峰填谷，解决调峰的问题，提升电网调峰能力，提高电网安全。在用户侧，可利用高温储热技术以热能的形式将谷电（或者太阳能）储存起来以满足用户对不同温度热能的需求（包括工业高温用热、商场大厦采暖、居民采暖等）。在工业高温用热的场合，目前正积极推广电窑炉来替代传统化石能源窑炉，以实现电能替代。同样地，利用高温储热技

术也可以以另一种形式对工业窑炉进行节能减排改造。如工业窑炉蓄热式燃烧系统中，一方面可以利用储热材料回收高温烟气的热量，用来预热冷空气，可节省燃料 30% 左右，另一方面，可以利用高温储热技术将谷电或所需消纳的电能以热能的形式储存起来，用以预热进入炉内的空气。一般来讲，预热温度每提高 100℃，理论燃烧温度能提高 50℃，这样不仅可以使炉内温度变得均匀，还节省了燃烧的用量。在一般工业用热领域，如食品加工中，用以冲洗、浓缩、干燥一般利用 80~240℃ 的蒸汽或空气，在烟草行业中，用以制丝一般利用 150~200℃ 的高温热源，此外如造纸、木材加工、玻璃加工等行业中也需要 100~200℃ 的蒸汽或者空气用于不同的加工程序。采用高温储热技术可以结合能源梯级利用技术，在高温段满足一般工业用热，在低温段用于集中供暖的场合。此外，居民用电已经随着我国城镇化的进程增长迅速，这一部分的电力消费的增加给电力调峰也带来了很大的难度，通过高温储热技术作为储能手段之一，发展和推广储能式的家用电器，也可减少对化石燃料的消耗，协助电网削峰填谷。电网调峰示意图如图 1-8 所示。

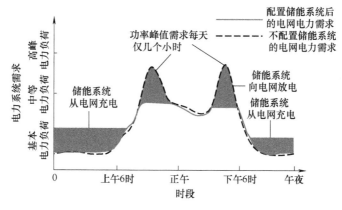

图 1-8　电网调峰示意图

我国目前的电力供应还是主要以火电为主，以火电机组为主的电网调峰手段使系统灵活性不足，调峰裕度有限。在我国"三北"地区，电源结构中火电的比例较大，而热电机组又占火电的比例较大。热电机组多采用"以热定电"的运行模式，即以满足热负荷的需要为主要目标，这造成了热电厂在夜晚用热高峰用电低谷时发电量降不下来，而在白天用热低谷用电高峰时发电量提不上去。在电网峰谷差不断增大的情况下，"以热定电"的运行模式增加了热电机组在电网中的调峰压力。另一方面，"三北"地区的电源结构中，风电的比例也比较大，风电具有典型的反调峰特性，这大大限制了风电的上网。此外，限制风力发电并网消纳的另一个问题是电网调峰容量的大小，在用电处于低负荷时，又恰恰是风电出力最大的时候，加之电网消纳能力有限和供暖季"以热定电"模式进一步钳制有限的风电消纳空间（见图1-9），导致了我国大量弃风现象的出现，白白浪费了风电资源。2020年前三季度，弃风电量约116亿千瓦时，平均弃风率为3.4%，尤其是新疆和甘肃依旧严峻，分别为10.3%和6.4%。采用高温储热技术，打破"以热定电"模式，实现"热电解耦"，提升热电机组的调峰能力，有助于提升可再生能源消纳能力，减少弃风浪费。

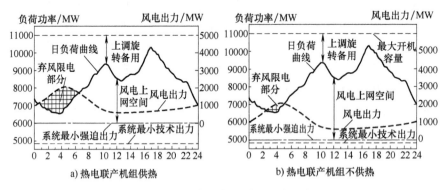

图1-9 "以热定电"对弃风的影响

综合以上需求，对储热装置的要求应包括但不限于以下几点：

1）装置可规模化配置，既能满足小型储热要求，也能满足集中式大容量储热系统规模化扩大要求。

2）装置响应速度以满足平抑新能源间歇性波动为主，不宜作为平滑随机性波动使用，速度秒级即可满足要求。

3）对于削峰填谷，由于储热再发电效率不高，功能上以发挥填谷作用为主。

4）电热转化效率高，应高于90%，以提高系统整体能效。

5）热能储存时间长，满足断电不断热的要求。

6）热能输出应稳定，满足工业等稳定用热要求。

7）装置占地面积小，易于安装，安装不受地理条件限制。

8）装置应满足噪声小、无排放特点，适应不同应用场合需求。

对于新能源消纳和削峰填谷需求来说，需要根据就近供热的用户需求和弃风弃光情况、峰谷电价时间等配置合理规模的储热系统，要求储热系统规模可灵活配置；根据客户对热量的需求或使用工况，储热系统需要充分发挥模块化可配置的特点配置不同温度的基本相变蓄热模块，并实现多个（几十甚至上百个）储能模块灵活地串联、并联布置，对这种多个级联方式进行仿真、实验和控制策略研究，开发出不同容量的模块化相变蓄热模块，适用于家庭、写字楼、社区、城镇等不同场合的需求，满足客户所需要的各种热容量。

储热系统的响应速度应以满足平抑间歇性波动为主，满足规模化消纳要求，不宜以平滑随机性快速波动为主要目标。在这方面，从电气角度来看，相变储热系统中的电加热器是一台大功率的电力调功设备，系统的输出功率越高，电功率的输出也就越大。电功率的输出调节采用有级功率调节方式，即采用交流接触器控制，对消纳新能源调度指令的响应时间近似等于交流接触器投切时间（秒级）。

另外，系统的加热控制是对电流的控制，为了减少对电网的冲击影响，采取电加热管组逐级投切方式。各组加热器投切之间的间隔时间为逐级投切间隔时间。每组的功率越大，间隔时间越长。因此，间隔时间根据需要可以任意设定。控制方式采用多级控制，循环投切。即先投者先切，后投者后切，先停的先起动，后停的后起动。这样就可以保证交流接触器的动作次数完全相同，电加热管的工作时间也大致相同。另外，还需通过合理的保温设计，延缓外部释热特性，最大化发挥热能利用效应。通过充分发挥控制的作用及合理的工程设计，稳定热量的输出，保障供热的稳定性。

1.4.2　高温储热技术在不同应用场景中的经济性分析

风电供热供暖与利用谷电进行供热供暖除了需要考虑电力来源不同而存在的电源特性不同外，其在技术路线上大致是一致的，因此将两者结合起来考虑其经济性。此外，目前储热系统在光热发电的成本构成中占 15%~20%，包含高温储热系统的太阳能光热电站收益-成本的经济性分析也是进一步发展光热电站的重要基础。

1.4.2.1　清洁电力供热供暖经济性分析

"十三五"期间，各级政府均不同程度地出台了相关配套支持政策，在推进北方地区清洁供暖过程中都发挥了积极作用。

（1）清洁电力供暖供热市场容量

由于京津冀地区的大气污染治理压力最大，因此京津冀成为清洁能源供暖改造最迫切的地区。2017 年底，北京供热总面积为 8.4 亿平方米，其中清洁能源（热电联产、电、燃气、热泵等）供暖面积达到 6.6 亿平方米，燃煤供暖面积为 1.5 亿平方米。天津供热总面积为 4 亿平方米，燃气、地热、热电联产等绿色供热面积占到本市总供热面积的近一半。河北省集中供热总面积约为 3.9 亿平方米，热电联产供热约占供热总面积的 40%，其他大部分为燃煤锅炉供热，面临迫切的清洁能源供暖改造压力。以张家口为例，《河北省张家口市可再生能源示范区发展规划》中要求张家口积极推进风电、太阳能、地热供暖示范项目建设。到 2020 年，市县主城区可再生能源供暖面积达 1600 万平方米以上。从以上统计可见，在京津冀地区集中供热的清洁能源供暖改造需求（包括燃煤和热电联产）巨大。此外，由东北、内蒙古、新疆等风电、太阳能资源丰富地区也有较大的供暖改造需求，蓄热电采暖技术有着较大的市场容量和较好的应用前景。

（2）蓄热电采暖的政策分析

1）户用电采暖。

在电价补贴方面，以北京为例，据《关于完善北京农村地区"煤改电""煤改气"相关政策的意见》政策规定北京农村地区享受"煤改电"补贴政策，补贴后采暖季峰谷电价为 0.1 元/kWh（见表 1-4）。

表 1-4　北京市采暖季峰谷电价

时间区间	谷值时段 20:00~8:00	平值时段 8:00~22:00
电费/(元/kWh)	0.3	0.4883
补贴/(元/kWh)	−0.2	0
采暖电价/(元/kWh)	0.1	0.4883

在装置补贴方面，以河北为例，针对"煤改电"用户部分地区则实行由四级政府出资补助，省厅补助 500 元，市政补助 500 元，另外加上镇级政府和村财政各补贴 500 元，市民可获得 2000 元的政策补贴。中心城区及城中村居民家庭改造采用蓄热式电散热器采暖，每户可获得 3000 元补助。

2）集中电采暖。

针对采用电力采暖的集中供热企业，北京市市政市容管理委员会对供热企业给予燃料补贴，补贴资金由市、区两级财政按照 8:2 的比例分担。

针对"煤改电"供暖用户，各地政府采用"宜集中则集中，宜分散则分散"原则，因地制宜出台相关政策，促进电采暖合理开展。

以北京市为例，针对采用电力采暖的集中供热企业，《关于完善北京城镇居民"煤改电""煤改气"相关政策的意见》及相关补充规定中，明确了城镇居民采用空气源、地源、太阳能、燃气、电等清洁能源实施集中供暖的项目，其配套建设的蓄热设施投资计入热源投资，由市政府固定资产投资按一定比例给予支持，其中，采用空气源、地源、太阳能等集中供暖的项目，对其配套蓄热设施投资给予 50% 的资金支持，采用燃气和电能集中供暖的项目，对其配套蓄热设施投资给予 30% 的资金支持。

以"煤改电"集中式电采暖使用比例最高的山东为例，《青岛市推进农村清洁取暖实施方案》中指出，以社区为单位实施区域集中供热的可再生能源取暖、多能互补取暖等清洁取暖工程项目，依据建设项目的评估可供热面积，市级财政按照 22 元/平方米且每户不高于 1540 元的标准一次性奖补区（市）。

针对集中电力采暖的供热企业用电，通过华北集中电采暖用户与东北低谷富余风电直接交易试点，促成京津冀地区的集中电采暖企业购买东北廉价风电作为电源。其中以北京韩村河电采暖项目和石景山莲花河两个项目为例，向东北某风电场直接购电，用电成本为 0.23 元/千瓦时（含过网费），比一般工商业用电低谷电价低 0.14 元/千瓦时。

由此可见，在政策的支持下，电采暖具有一定的优势。

（3）不同蓄热电采暖技术方案

蓄热电采暖的技术方案主要包括小型蓄热式电暖器、小型家庭式蓄热电锅炉、大型集中式蓄热电锅炉，其中，小型蓄热式电暖器、小型家庭式蓄热电锅炉主要应用于家庭小型用户，大型集中式蓄热电锅炉主要应用于集中供暖的社区用户。

1）小型蓄热式电暖器。

小型蓄热式电暖器适用于楼房用户，或者无暖气管道的独栋建筑用户，尤其是距离市政热力管网较远的独立住户，南方无集中供暖但有供暖需求的地区等。与电热油汀、冷暖空调等电采暖设备不同的是，小型蓄热式电暖器采用蓄热技术，利用 21 时到次日早晨 6 时电价谷段时段，将低谷电以热能形式进行储存和释放，满足 24h 供暖需求。

2）小型家庭式蓄热电锅炉。

与小型蓄热式电暖器相比，运行模式基本相同，但小型家庭式蓄热电锅炉设备成本高、投资回收期长，因此，在市场应用中可优先采用小型蓄热式电暖器。

3）大型集中式蓄热电锅炉。

大型集中式蓄热电锅炉适用于工业园区、工业企业或者居民社区、学校供暖，利用谷电或者弃风电制热并利用储热材料储热，热能平稳地输出以满足供暖需求，装置可以直接在 10～66kV 的电压等级下工作，蓄热能力可以达到百兆瓦时，可以为上万平方米的用户供热。设备将夜晚电网的低价电或弃风电转换成热能储存起来，根据不同需求通过交换装置，将储存的热能转换成热水、热风、蒸汽用于大面积城市供暖及工业热源或在用电高峰时段发电馈送到电网，实现了大功率和超大功率电能储存高峰，可以有效地缓解电网峰谷矛盾。

电蓄热技术相比燃煤锅炉等初始投资较大，投资包含蓄热电锅炉设备、10kV 以下配电设备、低压配电设备等，且较燃煤锅炉运行费用高。在目前煤炭价格水平及充分利用低谷电价的条件下，蓄热电锅炉与燃煤锅炉相比，不具有经济优势，与燃气锅炉相比有一定的优势。需要特殊电价政策，以降低电锅炉运行费用，更好地发挥节能减排优势。

1.4.2.2 光热电站高温储热技术经济性分析

光热电站的储热系统主要包括：高低温熔盐罐、储热材料（熔融盐）、熔融盐循环泵、熔融盐三级换热系统、总控系统等设备以及其相应的辅助设施、土建设施等。对于储热系统的投资成本大小主要受储热时间的长短的影响。储热系统的单位成本为 768 美元/kW，其中熔融盐的投资成本将近占储热系统投资成本的一半，是储热系统投资的主要部分。而在我国内蒙古自治区鄂尔多斯地区某 50MW 带 4h 储热的槽式光热电站的储热系统占总投资的11%，储热系统的单位成本为 3500 元/kW。而塔式的投资成本与槽式有一定的差异，由于塔式的运行温度比槽式的运行温度要高，其储热的投资成本要比槽式低。在南非某 100MW 带 15h 储热的塔式电站，其储热系统的投资占总投资的 10%。

总体上，带储热系统的光热电站的平均化电力成本比同形式下的不带储热系统的光热电站要小。但是储热系统容量的大小不是越大越好，更大的储热系统容量会增大初始投资，需要进行储热系统容量最优化设计。

1.5　本章小结

从高温储热应用场景中的工艺需求和经济性分析来看，高温储热技术作为一种储能技术，可以利用自身的容量、储热密度、工作温度等特点，实现电网调峰的需要；使用储热技术来实现清洁电力供热供暖，不仅成本上得到了控制，并且提升了可再生能源消纳水平；而加装储热系统的光热电站有更加稳定的输出和更高的发电效率。另外，储热技术解决了用户侧使用煤炭等化石燃料燃烧所带来的环境污染问题，充分利用了谷电，提升了电网设备利用率，延缓设备投资，社会经济效益显著。

第2章

高温复合相变储热材料的
配方设计、制备及性能

2

高温储热材料根据应用温度和材料种类的不同可分为多类，相变储热材料（Phase Change Material，PCM）凭借其较高的储热密度和丰富的材料来源，受到了广泛的重视。高温相变储热材料中，常用的有熔融盐、金属合金以及中高温复合相变储热材料。其中，单一的熔融盐和金属合金均不同程度存在易腐蚀和相变过程体积变化大的问题。复合相变储热材料能有效地克服单一储热材料所面临的腐蚀性强、体积变化大的问题。定型结构的复合相变储热材料，具有相变过程不形变、可与传热介质直接接触的优点，因而在中高温的储热领域中得到了广泛的应用。本章将对高温复合相变储热材料的影响因素、配方设计原则、制备方法、筛选与氧化镁基高温复合相变储热材料制备及性能等方面进行介绍。

2.1 高温复合相变储热材料影响因素分析

相变储热材料是相变储热技术的基础，相变温度、比热容、储热密度都是复合相变储热材料的重要物性参数，关系到应用过程中的储热性能。在复合相变储热材料配方设计时，相变温度决定了储热材料可使用的温度区间，比热容和相变潜热可计算出的储热密度是衡量储热能力的重要参数，导热系数则是衡量储释热快慢的重要参数。例如，通过添加导热增强剂是增强导热系数的重要手段，但这会以一定程度牺牲材料的储热密度为代价，因此，如何使复合相变材料兼顾各种性能，同时还具有良好的结构稳定性，是储热材料的关键。

2.1.1 相变温度

在复合相变储热材料中，发生相变的相变介质与骨架材料间属于物理复合，因此复合相变储热材料的相变温度通常能够与相变介质保持一致，而不会受到骨架材料的影响。

英国伯明翰大学以 $LiNaCO_3/MgO/$石墨复合相变储热材料为例，对纯的碳酸盐 $LiNaCO_3$ 和复合相变储热材料 $LiNaCO_3/MgO/$石墨的相变温度进行测试分析，发现两者之间存在 4~5℃ 的温度差，说明熔融盐与骨架材料复合后对相变的相变温度造成了一定的影响，但影响程度较小，相变温度变化不大。

分析认为，在复合材料的相变过程中，在熔融盐的液面张力作用下，熔融盐相与固体材料的界面会产生一个附加压力，而固体颗粒在过程中不断通过自身结构重排来平衡附加压力。因此，测试熔融盐的融化过程处于一个动态的平衡过程，熔融盐在该动态过程中的相变也必然经历一个比较宽的温度跨度。根据 Gibbs-Thomson 方程和杨氏方程可得

$$\Delta T_m = T_m^\infty - T_{m(x)} = \frac{4T_m^\infty (\gamma_{pl} - \gamma_{ps})}{x \Delta H_f \rho_s} \tag{2-1}$$

式中，ΔT_m 代表纯熔融盐的熔点和复合相变储热材料的熔点的温度差；γ 代表界面张力；下标 p、s、l 分别代表受限空间壁、固相以及液相；x 为晶核直径；ρ_s 为固体材料的密度；ΔH_f 为凝固过程中的潜热。

由式（2-1）可以看出，ΔT_m 的改变取决于受限空间壁与相变储热材料的固相和液相之间的界面张力的相对大小。而当复合结构储热材料的结构形成后，由于结构重排对熔融盐融化的影响变小，循环后的复合相变储热材料的相变温度的变化会逐渐变小。

2.1.2　比热容

复合相变储热材料的比热容是用于计算复合材料显热储热量的关键依据。由于复合相变储热材料由多组分组成，且各个组分之间兼容性良好，因此复合材料的比热容可以用公式来估算。

$$c_P = c_H \omega_H + c_G \omega_G + c_D (1 - \omega_H - \omega_G) \tag{2-2}$$

式中，c_P 代表复合储热材料比热容，单位为 kJ/(kg·K)；c_H 代表相变材料比热容，单位为 kJ/(kg·K)；c_G 代表骨架材料比热容，单位为 kJ/(kg·K)；c_D 代表导热增强剂比热容，单位为 kJ/(kg·K)；ω_H 代表相变材料含量，（%）；ω_G 代表骨架材料含量，（%）。

复合材料的比热容是各个组分的比热容的综合计算结果。若添加剂的比热容低于相变材料的比热容，则复合材料整体的比热容会随着添加剂的比例的增加而降低。因此，在设计复合相变储热材料配方时，虽然添加导热增强剂是增强导热系数的重要手段，但可能会造成储热密度和比热容的下降，因此在配方组分设计时需权衡利弊，严格控制添加剂的比例。

2.1.3　储热密度

相变材料的储热密度是指在一定温度区间内，单位质量的相变材料所能储存的热量。理论上复合储热材料储热密度计算公式如下

$$Q = \int_{T_0}^{T_s} c_{SS} \mathrm{d}T + M_R \left(\int_{T_{sf}}^{T_{sf}} c_{MS} \mathrm{d}T + \Delta H + \int_{T_{sf}}^{T_s} c_{ML} \mathrm{d}T - \int_{T_0}^{T_s} c_{SS} \mathrm{d}T \right) \tag{2-3}$$

式中，Q 代表复合储热材料储热密度，单位为 kJ/kg；c_{SS} 代表固体显热材料的比热容，单位为 kJ/(kg·K)；c_{MS}、c_{ML} 代表相变材料固相和液相时的比热容，单位为 kJ/(kg·K)；ΔH 代表相变材料的潜热，单位为 kJ/kg；M_R 代表复合储能材料中相变材料的质量分数，（%）。

通过式（2-3）可知，复合相变储热材料的储热密度主要包含显热和潜热两个部分。其中，潜热为复合材料中相变材料的相变潜热；显热则包含了液相的显热和固相的显热，理论上这部分显热是两者物理叠加后的结果。若将固相和液相叠加后的比热容用一个综合等效比热容 C_n' 来代替，那么复合储热材料的储热密度又可以表示如下

$$Q' = \Delta H' + \frac{\sum_{i=1}^{n} c_n'}{n} \Delta t \tag{2-4}$$

式中，Q' 代表复合储热材料储热密度，单位为 kJ/kg；c_n' 代表不同温度点复合储热材料的比热容，单位为 kJ/(kg·K)；n 代表测试的不同温度点比热容的数量；$\Delta H'$ 代表复合储热材料相变材料的潜热，单位为 kJ/kg；Δt 代表复合储能材料使用温度范围，单位为℃。

由式（2-4）可以看出，复合储热材料的储热密度受到潜热和显热两部分影响。当相变材料的相变潜热越高且质量分数越大时，复合储热材料的储热密度越大。当复合储热材料的综合等效比热容越大时，复合储热材料的储热密度也越大。

2.2　高温复合相变储热材料配方设计原则

复合相变储热材料通常由相变储热材料、骨架材料和导热增强材料等组成，可选组分种类繁多，存在一定的选择困难。骨架材料和导热增强材料可为相变储热材料提供结构支撑和增强导热，但又不同程度地降低了储热密度。因此，如何平衡结构特性、导热性能、储热性能之间的关系，以寻求适宜的相变储热材料及其复合制备方法是重点和难点。

一般来说，对复合相变储热材料的原料进行设计，包括从相变储热材料、骨架材料和导热增强材料这三个方面进行筛选，通常应遵循以下几点：

1）复合相变储热材料的各组分之间需具有良好的高温化学相容性。

2）相变储热材料、骨架材料以及导热增强材料的热膨胀系数均要小。

3）相变储热材料融化后与骨架材料间的润湿特性好。

4）根据实际的需要选择相变温度合适的且具有较大相变潜热的相变储热材料。

5）高温下，相变储热材料融化后的蒸汽压较小，且相变前后的密度变化小。

6）相变储热材料需要不易潮解。

7）骨架材料的热振稳定性良好。

8）相变储热材料、骨架材料和导热增强材料的成本适宜。

9）导热增强材料能耐高温、抗腐蚀，不易与物质黏连，导热性能优良，在复合材料制备领域得到广泛的研究与应用。

2.2.1 相变储热材料

选择合适的相变储热材料是构建复合相变储热材料的关键，一般要求其具备较高的相变潜热、过冷度低、稳定性高、成本适宜等特点，此外还需综合考虑材料的热物性能、物理和化学稳定性、熔融材料凝固时的过冷度对容器材料的腐蚀性、操作安全性以及成本经济性等因素。总结来看，相变储热材料的选择一般遵循以下原则：

1）相变潜热大、相变温度适宜（适用于储热热源对象特性）。

2）优良的导热性能（导热系数大）。

3）相变过程中不应发生熔析现象，以免导致相变介质化学成分的变化。

4）相变（固-液）过程必须是可逆的，不发生过冷（或过冷度很小），性能稳定。

5）无毒、对人体无害。

6）与骨架材料兼容性好，即对骨架材料不具备腐蚀性（或腐蚀性小）。

7）化学稳定性好。

8）固-液相变体积膨胀率小。

9）密度较大。

10）原料易购、价格便宜。

其中，1）和2）是对材料热物性能的要求，3）~7）是对材料物理和化学性能的要求，8）和9）是对材料机械性能的要求，10）是对材料经济性的要求。

2.2.2　骨架材料

骨架材料主要起到支撑复合相变储热材料，并将相变储热材料包裹在复合结构内的作用，耐火温度一般不能低于 1000℃。目前，多数研究者选用具有多孔结构的骨架材料，使相变储热材料分布在空隙中，在毛细作用下使相变储热材料熔化时不流出，且高温时具有一定的强度来承受热应力，并具有较高热振稳定性和良好的导热性。此外，选择密度和比热容较大的材料可以一定程度上提高材料的储热密度，也是选择骨架材料的重要参考依据。

骨架材料作为结构支撑，使相变储热材料在相变时不发生泄漏，选取原则应遵循以下几点：

1）耐高温，性质稳定，不与相变储热材料反应，与相变储热材料具有良好的化学相容性。

2）孔隙率较高，与相变储热材料的润湿性能好，能尽可能多地吸附相变储热材料，同时使得烧结更为容易。

3）具有一定的机械强度，抗热振性能好，不易发生形变。

4）价格适中，来源充足。

目前，作为复合相变储热材料的骨架材料主要有金属和非金属类（陶瓷类）两种。金属作为基材一般采用传热性能良好的多孔金属镍、铜、铁和铝等。熔融盐均匀分布于多孔的金属基体中，相当于基体将相变储热材料分隔成无数个微小的储热单元，该单元可改善固液两相界面处传热性能差和多次循环后相变点变化等缺点，提高换热效率。但是，金属作为复合相变储热材料的基体成本较高，不利于工业大量应用。

非金属类骨架材料一般选择耐高温、耐腐蚀、显热储热性能好、经济性良好的无机非金属材料，可供选择的陶瓷基体有 MgO、Al_2O_3、SiC、SiO_2、Si_3N_4、堇青石、莫来石等。多孔陶瓷材料作为储热材料的基体也受到重视，目前用到的多孔陶瓷材料为刚玉砂、SiC、堇青石等经过成型和特殊高温烧结得到的。堇青石作为储热材料基体，其热振稳定性好，价格便宜，但是高温时会受到酸性气体的严重腐蚀。其中，SiC 陶瓷材料热稳定性好，抗氧化，导热系数大，但是在高温氧化气体中会被缓慢氧化，存在烧结困难和成本高的缺点。

2.2.3　导热增强材料

大多数无机盐相变储热材料存在导热系数低的缺点，在一定程度上制约了其发展。为了提高无机盐相变储热材料的导热性能，使其得到更为广泛的应用，可采用的技术如图 2-1 所示。

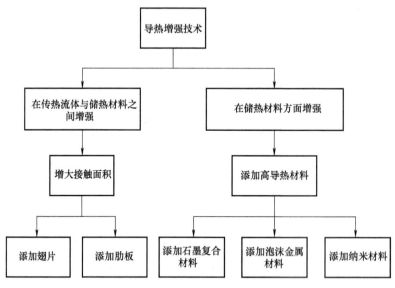

图 2-1　高温复合相变储热材料导热增强技术

在储热材料导热增强技术的方法中，添加金属易在高温下氧化，且可能与相变储热材料间存在不相容性；添加纳米材料的技术目前仍不成熟。石墨本身耐腐蚀，导电性好，是良好的中高温相变储热材料的基体之一，因此添加石墨复合材料为提升高温储热材料导热性的适宜选择。石墨粒子的形状、浓度、分布等参数均会影响材料的导热增强效果，目前将石墨材料用作导热增强成分有四种不同类型的方法：1）将高温复合相变储热材料浸润在石墨基质中；2）机械性地将石墨粉分散在熔融高温复合相变储热材料中；3）室温下压缩石墨粉与高温复合相变储热材料的混合物；4）在纳米或微米级别采用静电纺丝法。此外，平均导热率并不是判断最优复合材料的唯一标准，最终成品的优劣也与经济性、孔隙度及储热密度密切相关。因此2）和3）两种方式最为常用。

2.2.4　化学兼容性

相变储热材料、骨架材料、导热增强材料在构成复合材料配方时，三者化学相容性较好，互不发生化学反应。通常，酸式盐适宜与酸性氧化物复合，碱性熔盐不宜与酸性、中性陶瓷氧化物复合，氯化盐与氧化硅、碳化硅陶瓷基体复合化学相容性较好，硫酸盐、硝酸盐与氧化硅、碳化硅陶瓷复合也具有较好的相容性，碳酸盐与二氧化硅陶瓷基体在较高温度下相容性较差，易复合生成硅酸盐，碳酸盐与氧化镁材质复合相容性较好。

2.3 复合相变储热材料的制备方法

编者团队研发的复合相变储热材料有望解决相变储热材料在应用中所面临的腐蚀性、相分离和低导热性能等问题，为相变储热材料提供更好的微封装方法，从而打破制约相变储热技术应用的主要瓶颈。基体在复合结构中熔点较高，可以作为显热储热材料加以利用，不仅为相变储热材料提供结构支撑，还能够有效地提高其导热性能。复合结构储热材料拓展了相变储热材料的应用范围，按照复合体结构的不同，复合相变储热材料的制备方法主要包括：物理共混法、微胶囊法、化学合成法等。

2.3.1 物理共混法

物理共混法是利用一些物理手段将相变储热材料和支撑材料混合形成形状稳定的定型复合相变储热材料。由于制备过程中不涉及化学反应，材料得以保持原有的物理和化学性质。常见的利用物理共混法的例子如下。

（1）直接混合烧结工艺

直接混合烧结工艺是将基体与相变储热材料直接混合，通过冷压、热压等不同成型方式制备复合结构储热材料的一种方法。即将无机盐与陶瓷材料粉体按一定比例混合均匀，烧结成型后，在陶瓷基体形成的网状多孔结构中，无机盐均匀分布其中，形成复合相变储热材料。

直接混合烧结工艺利用烧结过程中基体出现的微孔或者网状结构与相变储热材料（无机盐或共晶盐）复合而成，在相变储热材料相变过程中由于基体的毛细管作用力，使得熔融相变储热材料仍保留在基体内而不流出。其制备过程为：备料→粉碎→烘干→混合→成型→干燥→烧结。

采用直接混合烧结工艺的单轴冷压和冷等静压方法所得的熔融盐/石墨复合结构材料如图 2-2 所示。

直接混合烧结工艺的特点：制备流程简单，易于规模生产，所制备复合结构储热材料对容器要求很低，某些性能优良的复合材料甚至无需容器封装，克服了容器腐蚀问题，节省了大量的金属容器和管材，大大降低了相变储热系统的成本。

（2）熔融浸渗法

熔融浸渗法是利用预制基体的多孔或者网状结构与相变储热材料熔融浸渗制备复合结构材料的一种方法。其利用两种熔点相差较大的物质，以高熔点（通常为高聚物）作为支撑材料，制备多孔基体；低熔点物质作为相变储热材料熔融

a) 单轴冷压   b) 冷等静压

图 2-2　单轴冷压和冷等静压方法所得的熔融盐/石墨复合结构材料

浸渗到支撑材料网络内，当相变储热材料发生相变时，基体的多孔或者网状结构依靠其表面毛细管力使得液相仍保持在复合体内，优点是无需容器盛装，使用方便。

在熔融盐浸渗法中，提高温度，延长浸润时间，加入表面活性剂提高多孔陶瓷基材与熔融盐之间的润湿角等因素都可以提升材料的性能。材料的导热性能主要的影响因素有基体孔隙率以及孔径尺寸。低孔隙率以及小孔径尺寸，有利于增加换热接触面的表面面积，因此更有利于增强换热效果。但是孔隙率的减小会导致复合体单位体积内熔融盐含量的减少，故又降低了热容量。

与直接混合烧结工艺相比，熔融浸渗法可以有效地避免熔融盐的挥发，复合出的储热材料具有较好的机械性能和热物性，但成本较高，所含的无机盐含量有限。

2.3.2　微胶囊法

微胶囊法是利用微胶囊技术在固-液相变储热材料表面包裹一层性能稳定的膜，从而形成微胶囊相变储热材料。其内核是固-液相变储热材料，用于储热及控制温度；外壳为相变储热材料提供稳定的相变空间，主要起到保护和封装相变储热材料的目的。

微胶囊储热材料的表面积大，很好地解决了材料相变时的渗出、腐蚀等问题。常用的制备方法主要包括原位聚合、界面聚合、悬浮聚合、喷雾干燥、相分离以及溶胶-凝胶和电镀等工艺。这些方法可有效地克服相变储热材料在相变过程中的泄漏问题，广泛应用于食品加工、化工、制药等行业。

微胶囊外壳的选择对于规范微胶囊相变材料的性能，如颗粒形貌、机械强度和热学特性等有重要的意义，通常需要选择较好的热稳定性和化学惰性的聚合物。高分子聚合物等有机壁材存在强度较差、传热速率较低、易燃等问题。二氧化硅等无机物为壁材的微胶囊有望避免有机壁材的弊端。

电镀方法制备的金属微胶囊相变材料能够在一定程度上满足高温储热应用领域的性能要求，但其制备工艺复杂，能够满足微胶囊电镀的金属材料的可供选择范围小。此外，高温相变时金属间的合金化问题严重，如何实现较高的包覆率和较好的包覆效果都需要进一步深入研究。

2.3.3　化学合成法

化学合成法是指将具有合适相变温度和较高焓值的固-液相变储热材料，与其他材料通过化学反应合成化学性质相对稳定的固-固复合相变储热材料，其实质是用化学反应的方法将具有蓄能作用的分子链与其他大分子链结合起来，从而形成稳定的固态定型复合相变储热材料。常用的化学手段有接枝共聚法、嵌段共聚法、化学交联法等，采用的相变储热材料一般为有机类或高分子聚合物。

聚乙二醇（PEG）及乙醇酸乙酯等聚合物通过一系列聚合反应可合成一种热塑性聚氨醋定形相变储热材料。其中聚乙二醇为软段，吸收释放热量，二苯基甲烷二异氰酸酯为基体。所得的材料拥有良好的相变特性，热分解温度达323.5℃，并且经过 1000 次热循环后材料的相变温度和相变潜热没有发生明显的改变。

化学合成法制备的定型复合相变储热材料热稳定性优良，使用安全，很好地避免了相变储热材料的泄漏问题。本章所研究的高温复合相变储热材料在制备过程中不涉及化学反应，且化学合成法的制备工艺较复杂，如何降低成本也需要进一步研究，因此后续不再进行详细论述。

2.4　高温复合相变储热材料的筛选

高温复合相变储热材料主要应用于蓄热式电锅炉和蓄热式电暖器等装置中，为了使装置的体积更小、换热效率更高，要求储热材料具有使用温度范围宽、储热密度高、稳定性良好等优点。本节将从各种材料的经济性、热物性能、兼容性、成熟度等方面进行综合分析，完成高温复合相变储热材料组分中相变储热材料、骨架材料和导热增强材料的筛选。

2.4.1　相变储热材料的筛选

常见的高温相变储热材料主要包括熔融盐和金属及金属合金。相变储热材料储热密度高且吸/放热过程近似等温、易运行控制和管理，因此利用相变储热材料进行储热是一种高效的储能方式。在实际使用中，相变储热材料同时使用了潜热和显热两种方式来储存热能，因此具有远大于纯显热储热材料的储热性能，如图 2-3 所示。

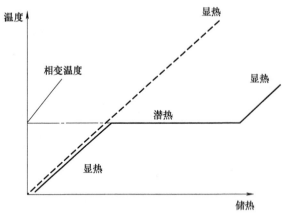

图 2-3 潜热和显热的储热性能

相变储热材料的储热密度计算公式如下

$$u = \int_{T_1}^{T_2} c_p \mathrm{d}T + \Delta H_f \tag{2-5}$$

式中，u 代表储热密度，单位为 kJ/kg；T_1，T_2 代表操作温度，单位为 K；c_p 代表比热容，单位为 kJ/(kg·K)；ΔH_f 代表相变热，单位为 kJ/kg。

选择相变储热材料时需要从多方面对材料的特性进行考察和分析，多种热物性质、动力学特性、化学性质、经济性见表 2-1。

结合相变储热材料具备的特点，对相变储热材料的研究和筛选可遵循图 2-4 所示的研究路线。

表 2-1 相变储热材料的选择标准

材料的特性	选择标准
热物性质	1. 有适合项目的相变温度
	2. 相变热较高
	3. 导热系数较高
	4. 比热容及密度较高
	5. 发生相变时体积变化小，蒸汽压小
	6. 当有多组分时，所有组分在工作温度下相态一致
动力学特性	1. 无过冷现象
	2. 熔化凝结速度快

（续）

材料的特性	选 择 标 准
化学性质	1. 凝结/熔化过程可重复
	2. 化学稳定性好
	3. 反复循环使用后性能稳定
	4. 无腐蚀性
	5. 无毒性，不可燃，无爆炸性
经济性	1. 有充足的供应
	2. 成本低廉

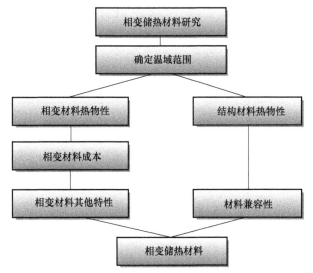

图 2-4　相变储热材料的研究路线图

（1）熔融盐高温储热材料

熔融盐材料来源广泛、相变熔值大、价格适中，特别适合于高温条件下的应用。无机盐相变温域较宽（250～1680℃），相变热值范围广（68～1041J/g），能够满足很多高温储热的应用要求。具体筛选原则如下：

1）材料的相变点在使用温度要求的范围内。

2）相变时储热密度高，比热容大。

3）相变材料导热率高。

4）材料相变时无过冷或过冷度小。

5）材料具有一定的热稳定性，不腐蚀容器。

6）无毒、不燃、无爆炸性。

7）价格低，易大量获得。

常见的储热熔融盐的熔点和常见的无机盐的相变潜热分别见表2-2和表2-3。

首先排除铷、铯、锶、钡等昂贵的金属盐类，溴化物和碘化物的价格也相对较高，不适宜作为工业应用。

硝酸盐的熔点普遍偏低（小于700℃），过高的温度会导致硝酸盐的分解，从而减少使用寿命。而镁、钙盐熔点过高（大于1100℃），高于系统运行温度，材料的潜热无法利用。

表2-2　常见的储热熔融盐的熔点　　　　　　　　（单位：℃）

金属	氟化 （F）	氯化 （Cl）	溴化 （Br）	碘化 （I）	硝酸 （NO^{3-}）	碳酸 （CO$_3^{2-}$）
锂（Li）	849	610	550	469	253	732
钠（Na）	996	801	742	661	307	858
钾（K）	858	771	734	681	335	900
铷（Rb）	795	723	692	556	312	873
铯（Cs）	703	645	638	632	409	793
镁（Mg）	1263	714	711	633	426	990
钙（Ca）	1418	772	742	783	560	1330
锶（Sr）	1477	875	657	538	645	1490
钡（Ba）	1368	961	857	711	594	1555

表2-3　常见的无机盐的相变潜热　　　　　　　（单位：kJ/kg）

金属	氟化 （F）	氯化 （Cl）	溴化 （Br）	碘化 （I）	硫酸 （SO$_4^{2-}$）	硝酸 （NO^{3-}）	碳酸 （CO$_3^{2-}$）
锂（Li）	1041	416	203	—	84	373	509
钠（Na）	794	482	255	158	165	177	165
钾（K）	507	353	215	145	212	88	202
铷（Rb）	248	197	141	104	145	31	—
铯（Cs）	143	121	111	96	101	71	—
镁（Mg）	938	454	214	93	122	—	698
钙（Ca）	381	253	145	142	203	145	—
锶（Sr）	226	103	41	57	196	231	—
钡（Ba）	105	76	108	68	175	209	—

通过相变潜热对比和筛选，钠或钾的氯化盐、碳酸盐、硝酸盐的成本适宜，相变温度相对较高，相变潜热较大，是潜在相变介质的主要研究对象。

从表 2-4 的数据可知，采用混合共晶熔融盐可以更好地控制和调整储热系统的相变温度，使其更接近实际工作应用温度。部分材料的相变温度仍然较工作温度过高（如 5~11 等），因而不适合在本研究中采用。氟化物在研究中表现出了非常高的相变热，但 Farid 等在研究中发现氟化盐及氯化盐的腐蚀性极强，这将导致储罐极易被腐蚀破坏，并且在高温下，氟化物会释放出有毒气体，因此不适合作为相变储热介质。

碳酸盐的成本较低，性质稳定，熔点适宜，且安全性及腐蚀性问题较小，其具体热物性见表 2-5。由于 K_2CO_3-Na_2CO_3 是一种共晶盐，根据 K_2CO_3-Na_2CO_3 相图（见图 2-5）可知，当 Na_2CO_3 与 K_2CO_3+Na_2CO_3 的摩尔比值为 0.585 时，两者达到共晶点，此时共晶盐的相变温度为 709℃。

使用熔融盐作为相变储热材料最主要的问题为相分离，导热系数比较低以及其具有一定腐蚀性。一般采用制成基于熔融盐的复合材料来克服这些问题，将在后文中进行详细介绍。

表 2-4　混合共晶熔融盐热物性

熔盐组分 （mol. %）	熔点 /℃	相变热 /（kJ/kg）
1 LiF(70)-30MgF$_2$	728	520
2 NaF(65)-23CaF$_2$-12MgF$_2$	743	568
3 LiF(67)-33MgF$_2$	746	947
4 LiF(74)-13KF-13MgF$_2$	749	860
5 LiF(81.5)-19.5CaF$_2$	769	820
6 KF(85)-15CaF$_2$	780	440
7 KF(85)-15MgF$_2$	790	520
8 NaF(64)-20MgF$_2$-16KF	804	650
9 NaF(62.5)-22.5MgF$_2$-15KF	809	543
10 NaF(68)-32CaF$_2$	810	600
11 NaF(75)-25MgF$_2$	832	627
12 K$_2$CO$_3$(41.3)-58.7Na$_2$CO$_3$	710	176
13 K$_2$CO$_3$(43.4)-56.6Na$_2$CO$_3$	710	163
14 K$_2$CO$_3$(44.4)-55.6Na$_2$CO$_3$	710	163
15 K$_2$CO$_3$(55)-45KOH	700	强碱，安全性差
16 Na$_2$CO$_3$(60)-40NaOH	700	强碱，安全性差

表 2-5　备选高温相变储热材料热物性

材　　料	熔点 /℃	比热容 /[kJ/(kg·K)]	相变热 /(kJ/kg)	导热系数 /[W/(m·K)]
$K_2CO_3(41.3)$-58.7Na_2CO_3	710	1.6	176	1.73
$K_2CO_3(43.4)$-56.6Na_2CO_3	710	1.6	163	1.73
$K_2CO_3(44.4)$-55.6Na_2CO_3	710	1.6	163	1.73

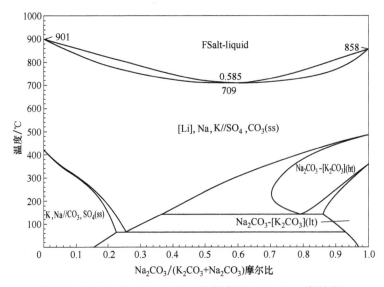

图 2-5　K_2CO_3-Na_2CO_3 相图（数据来源于 FactSage 资料库）

（2）金属及金属合金高温储热材料

Birchenall 等最早对金属合金作为储热材料进行了研究。金属作为相变储热材料单位体积的储热密度大、导热性能好、过冷度小、相变时体积变化小，适用于高温储热应用。一些金属合金的热物性参数见表 2-6。

表 2-6　金属合金的热物性参数

合金组分 （wt%）	熔点 /℃	相变热 /(kJ/kg)
Zn(49)-45Cu-6Mg	703	176
Cu(91)-9P	715	134
Cu(69)-17Zn-14P	720	368
Cu(74)-19Zn-7Si	765	125
Cu(56)-27Si-17Mg	770	420
Mg(84)-16Ca	790	272

　　法国科学家 Aechard 等对 Al-Mg 合金的热物性能研究表明，Al-Mg 合金适合于 450℃储热。我国科研工作者针对金属相变储热材料的开发和应用进行了大量的研究。华中理工大学对铝基合金的热物性研究表明，Al-Si-Mg 合金的储热能力最好。

　　金属及金属合金作为相变储热材料有适宜的熔点和相变热，但也有其固有的缺陷，导致了其很难在实际工程中得到应用。首先金属的比热容很低，在同样条件下储存的显热仅有盐类的 1/4，这直接导致了储热密度的减少。其次，合金虽然具有很高的导热系数，但由于腐蚀性强、化学活性高、成本高等原因，至今没有应用于大容量储热系统。国外学者在研究中发现金属合金在循环过程中相变热会逐渐减小，循环 500 次后相变热减少 11%，在高温条件下，金属储热性能在循环过程中持续下降，且液态金属的腐蚀性仍然没有得到有效解决。

　　综上，无机盐具有储热密度高、温度范围宽、低成本和易规模制备等优点，相关的研究和应用最多。此外，碳酸盐 K_2CO_3-Na_2CO_3 具有合适的熔点、良好的储热性能和安全性能，是适合的相变储热材料，因此编者团队选择 K_2CO_3-Na_2CO_3 的共晶盐作为研究材料。

2.4.2　骨架材料的筛选

　　复合结构储热材料通常是将熔点高于相变储热材料熔点的有机物或者无机物材料作为基体骨架与相变储热材料复合而形成具有特定结构的一种材料的总称。复合结构储热材料有望解决相变材料在应用中所面临的相分离和低导热性能等问题，为相变储热材料提供更好的微封装方法，从而打破制约相变储热技术应用的主要瓶颈。

2.4.2.1　骨架材料的性能特点

　　骨架材料在复合结构中熔点较高，可以作为显热储热材料加以利用，不仅为相变储热材料提供结构支撑，还能够有效地提升其导热性能。复合结构储热材料拓展了相变的材料的应用范围，成为储热材料领域的热点研究课题。复合结构储热材料按照复合体结构的不同可分为微胶囊储热材料和定型结构储热材料两大类。其中定型结构储热材料中的支撑材料也叫骨架材料。骨架材料可以直接与相变材料混合，通过冷压、热压等不同的成型方式进行制备。骨架材料在实际应用中需要有耐高温、耐腐蚀、多孔、比表面积大等特点。

　　定型结构储热材料是基于微胶囊相变储热材料的表面包覆结构提出的，但又不只局限于表面包覆结构的一种复合储热材料的总称。定型结构储热材料可以利用熔点较高的特种基体的层状或微孔结构与相变储热材料进行复合制备，当相变储热材料发生相变时复合体仍能依靠自身毛细管力保持其定型结构，如图 2-6 所示为复合储热材料的微观结构。定型相变储热材料对容器要求低，可降低相变储热系统的成本，另外某些定型相变储热材料可以与传热介质直接接触，提高了换热效率，在高温储热领域具有广阔的应用前景。以熔融盐-金属氧化物材料为例，复合材料的储热密度高达 500J/g（300℃温差），室温下导热系数在 3W/（m·K）以上，所制备的复合储热材料的 SEM 照片如图 2-7 所示。高温复合结构储热材料各组分分布均匀、表面结构致密，支撑材料通过复合制备工艺形成的骨架结构，为整个储热材料提供结构支撑。

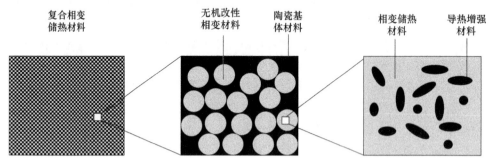

图 2-6　复合储热材料的微观结构

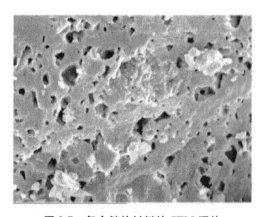

图 2-7　复合储热材料的 SEM 照片

2.4.2.2　骨架材料的研究现状及材料特性

国内外研究者对不同的无机盐基复合相变储热材料进行了研究制备，制备的石墨基复合结构储热材料，所选熔融盐为 KNO$_3$/NaNO$_3$。国内研究者制备了 Na$_2$SO$_4$/SiO$_2$ 复合结构储热材料，采用多孔陶瓷基体与硫酸钠复合制备了 Na$_2$SO$_4$/SiC 储热材料等。石墨+熔融盐复合结构材料如图 2-8 所示。

陶瓷基复合储热材料因其高储热密度、结构可靠性高等优点，是重要的高温储热材料。张仁元等利用直接混合烧结法制备了陶瓷基复合结构储热材料。性能优良的复合材料甚至无需容器封装，克服了容器腐蚀问题，节省了大量的金属容

图 2-8　石墨+熔融盐复合结构材料

器和管材，大大降低了相变储热系统的成本；同时，储热元件与换热流体可直接接触换热，不但减少了换热中的热损耗，而且提高了换热效率。

美国 Claar 等研究了 Na_2CO_3-$BaCO_3$/MgO 复合材料的配方、制备工艺和由复合材料制成的元件及构成的储热系统整体性能。德国 Tamme 等在实验室制备了圆柱形和砖形 Na_2SO_4/SiO_2 复合储热材料产品，其密度为 $2.0g/cm^3$，潜热约为 $80kJ/kg$，比热容约为 $1.1kJ/(kg \cdot K)$，储热密度为 $200kJ/kg$，具有良好的热、化学和机械稳定性。MgO 及 SiO_2 的热物性能见表 2-7。

表 2-7　MgO 及 SiO₂ 的热物性能

材　　　料	熔点/℃	比热容/[kJ/(kg·K)]	导热系数/[W/(m·K)]
MgO	2807	1.15	5
SiO_2	1830	1.0	1.5

2.4.2.3　骨架材料的选择

骨架载体作为结构支撑，使相变储热材料在融化时不会发生泄漏，应遵循以下原则：

1）耐高温，性质稳定，不与相变储热材料反应，与相变储热材料具有良好的化学相容性。

2）孔隙率较高，与相变储热材料的润湿性能好，能尽可能多地吸附相变储热材料。

3）具有一定的机械强度，抗热振性能好，不易发生形变。

4）价格适中，来源充足。

筛选时应首先考虑骨架材料与碳酸盐的化学相容性，之后再对骨架材料自身的孔隙率、成本等进行筛选，表2-8中列举了常用的中温相变储热材料载体的物性参数。

表2-8　常用的中温相变储热材料载体的物性参数

材料	密度 /(g/cm³)	最高使用 温度/℃	比热容 /[J/(g·K)]	热膨胀数 /(10⁻⁹/℃)	导热系数 /[W/(m·K)]	抗热振性
SiO_2	2.30	1500	0.751~1.14	—	4.19~11.5	良好
MgO	3.58	1500	0.91~1.27	—		良好
Al_2O_3	2.50	1400	1.05	—	2.20	一般
蛭石	0.06~0.10	1350	—	7.2	0.05~0.08	良好
硅藻土	0.34~0.65	1000	0.92	—	0.15	良好

由于 K_2CO_3-Na_2CO_3 在高温时呈碱性，SiO_2 是一种偏酸性的载体材料，两者在高温下会有化学反应 $Na_2CO_3+SiO_2\rightarrow Na_2O\cdot SiO_2+CO_2$ 发生，而碳酸盐与氧化铝复合会有偏铝酸盐生成，高温下会有化学反应 $Na_2CO_3+Al_2O_3\rightarrow 2NaAlO_2+CO_2$ 发生。因此，碳酸盐不可与碳化硅、二氧化硅、氧化铝等偏酸性的陶瓷氧化物复合。硅藻土是一种天然的矿物原料，以 SiO_2 为主，蛭石与硅藻土类似，也是一种天然的多孔材料，因此这几种酸性的骨架材料在与碳酸盐复合时易发生反应。

氧化镁不同于二氧化硅等，是一种偏碱性的陶瓷氧化物，因此，其与碳酸盐具有良好的化学相容性。由图2-9所示的 XRD 图谱分析相容性可知，复合后的体系除了共晶盐的衍射峰以及氧化镁的衍射峰外，未有其他新相生成，证明了碳酸盐和氧化镁体系具有良好的化学相容性。

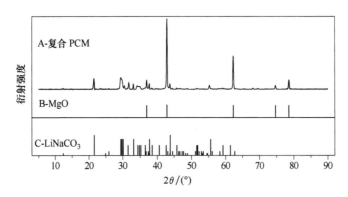

图 2-9　XRD 图谱

2.4.3　导热增强材料的筛选

为加强储热系统的充放热速率，提高储热性能，在复合材料中还需要添加导热增强材料。金属、石墨、陶瓷颗粒等在研究中被证明是可以改善相变储热材料导热性能的优良备选材料。

在导热增强技术方面，国内外学者也开展过相关的研究，Siegel R 等在熔融盐相变材料中加入金属颗粒，大大地提高了相变储热材料的传热速率。国内研究者在有机相变储热材料中加入了铜屑，并对其导热系数进行研究，发现铜屑可提高相变储热材料的导热系数达 148%。

（1）金属

金属是自然界中导热系数很高的一类物质，因此添加金属颗粒是提升储热材料的导热系数最直接的方法。常见的金属的导热系数见表 2-9。但由于金属密度较高，容易导致整个蓄热系统的质量增加。而且金属在高温下很容易被腐蚀，导致导热下降。有些金属与相变储热材料之间可能存在不相容性。因此在高温储热系统中很少使用金属颗粒作为导热材料。

表 2-9　常见的金属的导热系数

材　　料	导热系数/[W/(m·K)]
银	420
铜	401
铝	237
镁	156
铁	80

（2）石墨

石墨是一种优良的导热材料，通过对石墨结构进行改变，还可以进一步加强石墨的导热性能。石墨在层状结构内的导热系数可以达到 2000~4000W/(m·K)，因此石墨被广泛地应用于加强储热材料的传热性能。在此基础上，碳纳米管的热物理特性和其极高的热传导性 [6000W/(m·K)] 也被进行了试验研究和理论分析。但由于石墨的元素组成是碳单质，因此在高温下易被氧化，从而失去增强导热系数的能力。

（3）碳化硅

碳化硅有着导热系数高、耐高温、抗氧化性强、高温强度大、耐磨损性好、热稳定性好（2600℃）、热膨胀系数小、硬度高、抗热振性好、耐化学腐蚀等优点。因此被广泛应用于航空航天、核能、军工等领域。绝大部分应用都与碳化硅的高导热系数密切相关。碳化硅陶瓷的导热系数在室温下为 270W/(m·K)。

金属导热颗粒在高温下易被腐蚀，石墨在高温下也容易被氧化，而碳化硅具有导热系数高、热稳定性好、耐化学腐蚀等优点，因此是高温储热材料相对最为适宜的导热增强剂。

2.5 氧化镁基高温复合相变储热材料的制备及性能

在完成基体相变储热材料、骨架材料和导热增强材料的初步筛选后，如何将筛选的各组分进行有效整合，从而制备形成性能优良、可面向实际应用的复合是本节的重点研究内容。针对筛选的材料体系，根据相图推算相变储热材料之间的比例，综合考虑到样品的热物性能和成型性，编者研究团队设计了多种材料配方进行优选制备，并选择合适的原材料，进行了制备工艺的实验室研究。

2.5.1 配方设计

通常情况下，相变储热材料的含量越高，整体复合材料的相变潜热越大，储热密度则越高。但过高的熔融盐含量会导致复合材料难以成型、强度低，且高温时熔融盐极易漏出来。所以，为了确保复合相变储热材料具有良好的综合性能，熔融盐和载体的配比则至关重要，配方设计的目标就是平衡复合结构储热材料中的各组分之间的关系，并寻求适宜的高温储热材料的配方。为探究熔融盐和载体的最佳配比，本书研究团队分别设计了表 2-10 所示的配方。

表 2-10 K_2CO_3-Na_2CO_3/MgO 复合相变储热材料的配方表

配方号	K_2CO_3-Na_2CO_3/（wt%）	MgO/（wt%）
1	40	60
2	50	50
3	60	40
4	70	30
5	80	20

对这几种配方进行筛选的方法主要依据是：在保证形貌稳定、机械性能达标的基础上，尽可能地选择熔融盐含量较高的配方以实现储热材料储热能力的最大化。

此外，为提高复合材料的导热系数，还需添加导热增强剂碳化硅以强化复合材料的导热。然而，过多地添加导热增强剂虽然可以增加整体的导热系数，但也会降低复合材料的储热密度。因此有必要对添加不同含量的导热增强剂进行研究，本书编者团队对以下不同的碳化硅添加含量的配方见表 2-11。

表 2-11　碳化硅添加含量的配方表

配 方 号	碳化硅添加含量/(wt%)
6	1
7	5
8	10
9	15
10	20

2.5.2　制备工艺

高温储热材料制备工艺流程图如图 2-10 所示，主要分为烘干、混合、球磨、压制成型、烧结过程。

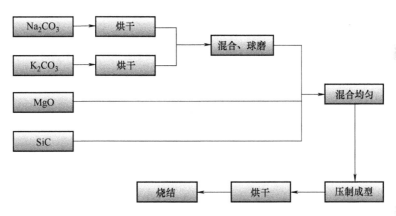

图 2-10　高温储热材料制备工艺流程图

（1）烘干

高温储热材料制备时首先将各原料烘干。

（2）称量

高温储热材料的相变储热材料采用 Na_2CO_3-K_2CO_3 共晶盐，因此制备时应先将 Na_2CO_3 和 K_2CO_3 充分混合，使其在高温时便于形成共晶盐。再将混合好的混合盐与氧化镁、碳化硅分别按照配方比例称量。

（3）混合

将称量好的各组分分别放入行星式高速球磨机中进行混合。

（4）压制成型

将混合好的粉料压制成实验室小样片，成型采用油压机压制成型；之后将压制好的坯体烘干。

（5）烧结

烧结采用马弗炉，在常压空气气氛下进行烧结，将压制成型且烘干后的样品放入马弗炉中，设置好升温曲线进行烧结即可，烧结结束后，自然冷却至室温。

2.5.3 基础组分配比与性能关系

2.5.3.1 物相分析

对不同配方的样品进行 XRD（X 射线衍射分析）测试，可以得出复合材料中的物相组成。图 2-11 所示为不同配方的 XRD 相图，对衍射峰进行分析，可以得到复合材料的物相组成为共晶盐 Na_2CO_3-K_2CO_3 和骨架材料 MgO 两种，并无其他杂质，证明 MgO 与共晶盐兼容性良好，未发生化学反应。

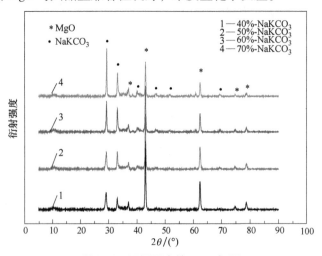

图 2-11　不同配方的 XRD 相图

2.5.3.2 制备材料性能分析

高温相变储热材料结构的形成机理是 Na_2CO_3-K_2CO_3 颗粒与 MgO 颗粒在压力的作用下相互嵌套形成固定的结构，但此时样品的强度不是很高，需要经过高温烧结，Na_2CO_3-K_2CO_3 颗粒变为液态，填充样品在压制过程中形成的气孔，待样品冷却后 Na_2CO_3-K_2CO_3 共晶盐也变为固态，成为连接 MgO 及碳化硅颗粒的黏结剂，此时样品也具有较好的强度。Na_2CO_3-K_2CO_3/MgO 复合相变储热材料结构形成机理图如图 2-12 所示。Na_2CO_3-K_2CO_3 和 MgO 的配比直接影响样品的强度、密度等性能。经过烧结制备后的样品照片如图 2-13 所示，照片中从左到右 Na_2CO_3-K_2CO_3 的含量依次增加。可以看出，盐的含量在 60% 及以下时，烧结后的形貌结构仍然保持完好。当盐含量达到 70% 时，样品已经发生形变，边缘呈波浪形。而当盐含量达到 80% 时，样品变形严重，且底部黏在坩埚上，此配方完全无法满足使用要求。

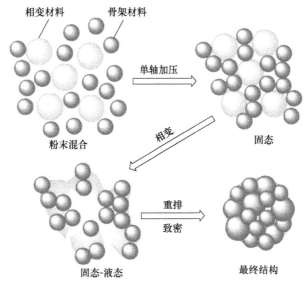

图 2-12　Na_2CO_3-K_2CO_3/MgO 复合相变储热材料结构形成机理图

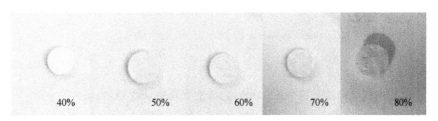

图 2-13　经过烧结制备后的样品照片

针对盐含量为 70% 及以下的配方，首先分别对这几个配方的体积密度、抗压强度和导热系数进行了测量，结果见表 2-12。当共晶盐的含量越高，其熔融时填充的气孔就越多，所以体积密度和抗压强度都增加，但当共晶盐的含量过高时，多余的熔融盐无法被全部包覆甚至泄漏，因此外观上呈现局部塌陷和变形，材料内部应力不均匀，最终导致了体积密度和抗压强度的降低。

表 2-12　各配方样品的体积密度、抗压强度、导热系数

共晶盐含量（%）	体积密度/(g/cm^3)（烧结前）	体积密度/(g/cm^3)（烧结后）	抗压强度/MPa	导热系数/[$W/(m \cdot K)$]
40	1.79	1.84	12.74	1.47
50	1.87	1.93	14.86	1.93
60	2.01	2.14	17.01	2.09
70	2.03	2.01	15.32	2.06

　　储热材料的储热性能指的是材料的相变温度、相变潜热以及比热容等参数,这些性能均可通过 DSC-TG 热分析实验测得。图 2-14 所示为不同配方和纯相变储热材料的 DSC-TG 曲线。DSC-TG 曲线随着盐含量的增加,相变峰的高度也相应增加。表 2-13 为几种配方和纯的 Na_2CO_3-K_2CO_3 相变储热材料的相变潜热、相变温度和比热容。当 Na_2CO_3-K_2CO_3 的含量越高时,复合材料的相变潜热也越高。相变温度则随配方的影响不大。

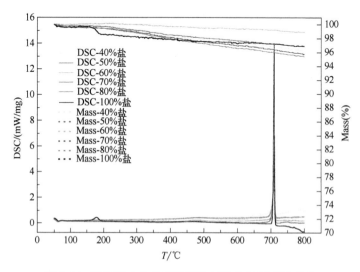

图 2-14　不同配方和纯相变储热材料的 DSC-TG 曲线

表 2-13　几种配方和纯的 Na_2CO_3-K_2CO_3 相变储热材料的相变潜热、相变温度和比热容

配 方 号	相变潜热 ΔH/(kJ/kg)	相变温度/℃	比热容/[kJ/(kg·℃)] (550℃)
1	86.64	708.4	1.58
2	125.1	708.2	1.60
3	149.1	710.9	1.62
4	175.1	710.7	1.65
纯 Na_2CO_3-K_2CO_3 共晶盐	266.5	709.7	1.67

　　本节对不同盐含量的 Na_2CO_3-K_2CO_3/MgO 复合材料进行了制备和性能测试,结果表明 Na_2CO_3-K_2CO_3 共晶盐和 MgO 之间不存在相分离, Na_2CO_3-K_2CO_3 共晶盐均匀分布在 MgO 基体中,提高了复合材料整体性能的稳定性。相变储热材料和基体骨架材料为物理结合,没有发生化学变化,两者有较好的化学相容性。

2.5.4　SiC 比例与复合相变材料性能的关系

除骨架基体材料和相变介质之间的比例关系外，作为导热增强剂的 SiC 也是影响复合相变储热材料的关键因素，本小节将通过试验测试重点介绍 SiC 比例与复合相变材料性能的关系。

2.5.4.1　物相分析

图 2-15 所示为不同 SiC 含量配方的 XRD 相图，图 2-15 中每一个配方的衍射峰都一一对应，说明配方的组成都相同。对衍射峰进行分析，可以得到复合材料的物相组成为共晶盐 Na_2CO_3-K_2CO_3、骨架材料 MgO 和导热增强剂 SiC 三种，并无其他杂质。

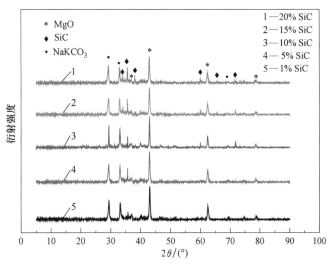

图 2-15　不同 SiC 含量配方的 XRD 相图

2.5.4.2　性能分析

为明确导热增强剂 SiC 的最佳添加量，可通过制备不同添加比例样品，并对其体积密度（烧结前后）、抗压强度和导热系数进行测试来进行分析（见表 2-14），不同 SiC 添加含量的复合材料照片如图 2-16 所示。随着 SiC 含量的提升，Na_2CO_3-K_2CO_3/MgO/SiC 复合材料在烧结后的体积密度呈现先增大后减小的趋势，当 SiC 含量大于 13% 时，烧结后的体积密度反而减小，说明 SiC 的添加含量存在阈值（见图 2-17）。复合材料的抗压强度在 SiC 的含量不大于 10% 时出现缓慢下降的趋势，而含量大于 10% 时则出现迅速下降的趋势。导热系数随 SiC 含量的变化如图 2-18 所示，可以看到 SiC 的含量小于 10% 时导热系数快速增加，当超过 15% 则开始出现下降。这是由于含量过多导致结构中孔隙含量增加，进而对复合材料的导热系数产生负面的影响。综合来看，复合材料的性能在 SiC 的含量为 10% 达到最佳。

表 2-14　各配方样品的体积密度、抗压强度、导热系数

配方号	体积密度/(g/cm³) (烧结前)	体积密度/(g/cm³) (烧结后)	抗压强度 /MPa	导热系数/[W/(m·K)]
6	2.02	2.13	16.98	2.20
7	2.02	2.14	16.80	2.34
8	2.04	2.09	16.44	2.43
9	2.06	2.03	15.62	2.44
10	2.08	1.99	15.02	2.38

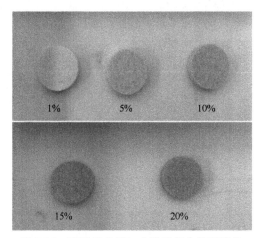

图 2-16　不同 SiC 添加含量的复合材料照片

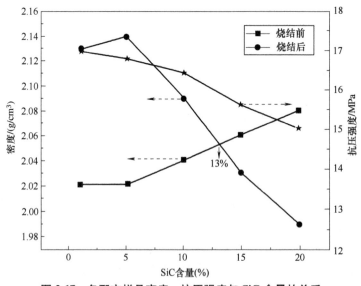

图 2-17　各配方样品密度、抗压强度与 SiC 含量的关系

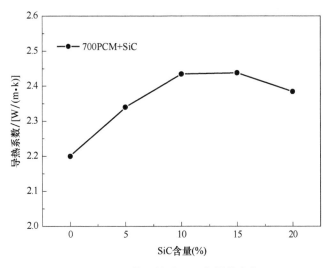

图 2-18　导热系数随 SiC 含量的变化

图 2-19 所示为不同 SiC 含量的 DSC-TG 曲线，该曲线与 Na_2CO_3-K_2CO_3/MgO 复合材料的 DSC-TG 曲线基本一致。表 2-15 所示为几种配方和纯的 Na_2CO_3-K_2CO_3 相变储热材料的相变潜热、相变温度和比热容。可以看出，随着 SiC 添加含量的增加，复合材料的相变潜热不断降低。相变温度则随配方的影响不大。比热容随着 SiC 含量的增加也会轻微地降低，过多地添加 SiC 则会牺牲复合材料的储热能力。因此认为，SiC 添加含量为 10% 的 Na_2CO_3-K_2CO_3/MgO/SiC 复合材料的性能最优，故将此配方作为最佳配方对其进行深入分析。

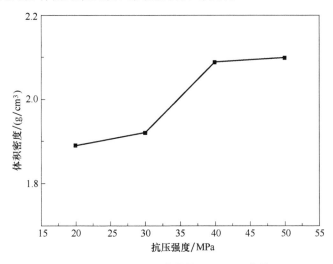

图 2-19　不同 SiC 含量的 DSC-TG 曲线

表 2-15　几种配方和纯的 Na_2CO_3-K_2CO_3 相变储热材料的相变潜热、相变温度和比热容

配　方　号	相变潜热 $\Delta H/(J/g)$	相变温度/℃	比热容/[kJ/(kg·℃)]
6	148.3	710.7	1.61
7	138.0	710.4	1.59
8	122.7	710.0	1.59
9	115.6	711.2	1.57
10	108.2	711.1	1.54

2.5.5　复合相变储热材料热物性能研究

经过前期的配方优选设计研究，高温复合相变储热材料的配方已基本成型，本小节在优选配方的基础上，对所制备的储热材料样品进行系统测试表征，明确掌握其各项性能参数。

2.5.5.1　导热系数

研究团队进一步测试了碳化硅含量 10% 和不添加碳化硅时样品从常温到 700℃高温下的导热系数变化，Na_2CO_3-K_2CO_3/MgO 复合相变储热材料导热系数曲线如图 2-20 所示。从图 2-20 中可知，添加碳化硅后材料的整体导热系数提高了约 16.3%，并且在 25~700℃整个工作区间中都具有较明显的提升。可见通过添加碳化硅可以实现提高复合材料整体导热系数的效果。

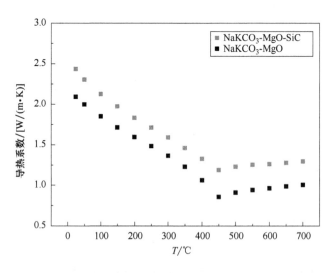

图 2-20　Na_2CO_3-K_2CO_3/MgO 复合相变储热材料导热系数曲线

2.5.5.2　储热密度

根据前文所测得的复合储热材料的潜热以及其比热容可计算复合储热材料在某一区间的储热密度。图 2-21 所示为测试样品的比热容曲线，复合储热材料储热密度的计算公式见式（2-6）和式（2-7）。

理论上复合储热材料储热密度的计算公式如下

$$Q = \int_{T_0}^{T_s} c_{SS} \mathrm{d}T + M_R \left(\int_{T_0}^{T_{sf}} c_{MS} \mathrm{d}T + \Delta H + \int_{T_{sf}}^{T_s} c_{ML} \mathrm{d}T - \int_{T_0}^{T_s} c_{SS} \mathrm{d}T \right) \tag{2-6}$$

式中，Q 为复合储热材料的储热密度，单位为 kJ/kg；c_{SS} 为固体显热材料的比热容，单位为 kJ/(kg·℃)；c_{MS}，c_{ML} 为相变储热材料固相和液相时的比热容，单位为 kJ/(kg·℃)；ΔH 为相变储热材料的潜热，单位为 kJ/kg；M_R 为复合储热材料中相变材料的质量分数，（%）。

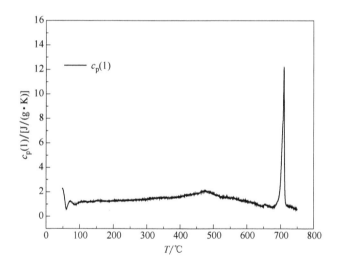

图 2-21　测试样品的比热容曲线

本测试采用 DSC 法直接测量复合储热材料的相变热焓和比热容，其综合储热密度可通过复合储热材料的比热容和相变潜热进行理论计算，计算公式如下

$$Q = \int_{T_1}^{T_2} c_{ps} \mathrm{d}T + \Delta H' + \int_{T_3}^{T_4} c_{pl} \mathrm{d}T \tag{2-7}$$

式中，Q 为复合储热材料的储热密度，单位为 kJ/kg；c_{ps}，c_{pl} 为复合相变储热材料的相变过程前和后的潜热，单位为 kJ/(kg·℃)；$\Delta H'$ 为复合相变储热材料的潜热，单位为 kJ/kg。

由图 2-21 可知，710℃为复合相变储热材料的相变温度，因此，通过式（2-7）对复合相变储热材料在 150~750℃ 的储热密度进行计算，得到高温复合相变储热材料在 150~750℃ 温度区间的储热密度约为 1070kJ/kg。

2.5.5.3 分解温度

高温储热材料的最高使用温度对实际应用具有重要的参考意义，通过测定材料的分解温度可以确定安全工作温度极限，以便在使用过程中对其温度进行检测和控制，避免发生安全事故。

本小节对优选配方复合储热材料进行热重（TG）测试，高温储热材料的热重变化如图 2-22 所示，与第 2.5 节中复合材料中的 DSC-TG 曲线类似。从图 2-22 中可以看到材料加热初期表现稳定，根据质量变化最大斜率处和基线的交点可以确定其最高分解温度为 885℃。由于该材料一般工作在相变温度附近，因此可以保证材料在工作过程中稳定不分解。

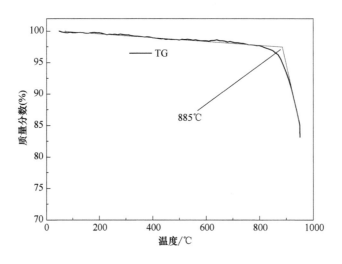

图 2-22　高温储热材料的热重变化

2.5.5.4 高温储热材料的循环稳定性

为研究 Na_2CO_3-K_2CO_3/MgO/SiC 复合材料的使用寿命，编者团队对复合材料进行了 3000 次冷热循环实验，其循环温度曲线如图 2-23 所示。从图 2-23 中可以看出，样品在经历不同的循环次数时均经历了一个升温、保温和降温的过程。

循环前后样品的外观如图 2-24 所示，从图 2-24 中可以看出，循环后样品的外观形貌仍然良好，未产生新的裂纹，也无任何变形和脱皮的现象。此外，循环后的样品的表面和内部相比未循环样品有轻微的发黄，这可能是因为经过长期高温循环后，样品中的一些原料发生了一些颜色退化或是样品中的一些微量杂质在高温下发生了轻微的氧化，但仍然能够观察到样品中墨绿色的碳化硅颗粒。对于循环后的样品性能具体如何变化，以下将对循环前后的 Na_2CO_3-K_2CO_3/MgO/SiC 复合材料的性能进行深入的分析。

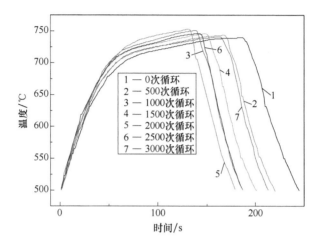

图 2-23　循环温度曲线

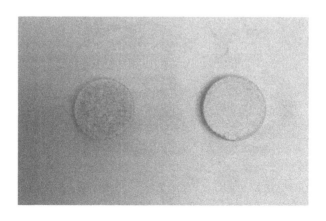

图 2-24　循环前后样品的外观

（1）材料结构性能分析

循环前后材料的结构性能分析主要包含了体积密度和抗压强度的分析，其结果见表 2-16。通过比较可以看出，经过 3000 次循环后样品的体积密度和抗压强度略有下降，下降的比例分别为 2% 和 8%，说明材料经过循环后在体积密度和抗压强度上稍有减退，但是减退的比例较少，在可接受范围之内。

表 2-16　样品循环前后的体积密度和抗压强度

样　　品	体积密度/(g/cm³) (烧结后)	抗压强度/MPa
循环前	2.09	16.44
循环后	2.05	15.13

（2）相变参数

对 3000 次循环前后复合材料的储热性能进行对比，结果如图 2-25 所示，见表 2-17。可以看出，循环前后两者的曲线规律完全一致，经过 3000 次循环后样品的相变温度无明显变化，但是相变潜热稍有衰退，约减少了 15%。

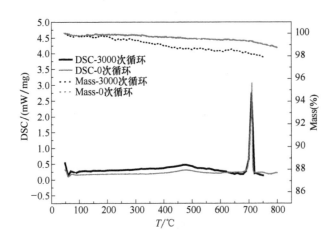

图 2-25　3000 次循环前后的 DSC-TG 曲线

表 2-17　样品循环前后的相变参数对比

样　　品	相变潜热/(J/g)	相变温度/℃
循环前	122.7	710.0
循环后	104.6	709.4

（3）导热系数

对 3000 次循环前后复合材料的导热性能进行对比，结果如图 2-26 所示。从导热系数曲线可以看出，循环前后两者的导热的变化规律仍然一致，室温（25℃）下的导热系数由循环前的 2.43W/(m·K) 下降到 2.25W/(m·K)，下降了约 7.4%，但循环后的比热容仍然能够满足使用需求。

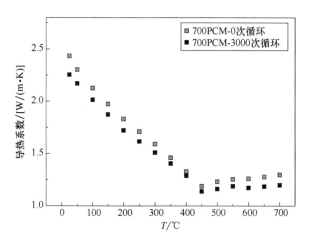

图 2-26　3000 次循环前后复合材料的导热系数曲线

（4）XRD 物相分析

对 3000 次循环前后复合材料的物相进行对比，结果如图 2-27 所示。对循环前后的物相分析可以看出，循环前后都只包含 Na_2CO_3-K_2CO_3、MgO、SiC 三种物质，且两者的衍射峰一一对应，说明循环过程中无任何反应发生，也无新的物质生成。

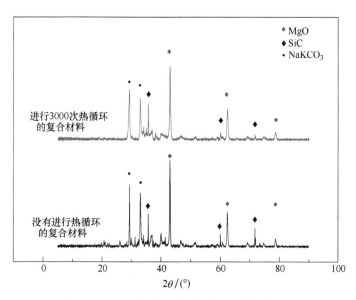

图 2-27　3000 次循环前后复合材料的物相分析

本小节通过对优选配方的制备实验与性能测试分析，得出复合材料中三种组分之间存在良好的化学相容性，烧结前后无新物质产生。此复合相变储热材料分解温度远高于其相变温度，因此具有良好的热稳定性。对比材料循环3000次后的性能发现，储热密度下降6%左右，导热系数下降7.4%，循环后复合材料的结构性能、导热性能、相变潜热均出现少量的衰退，但是仍能够满足使用要求。通过XRD分析可知，循环后材料的化学组成并未发生变化。

2.6 本章小结

本章从材料影响因素、配方设计、组分筛选、制备方法等方面对编者团队研究的陶瓷基高温复合相变储热材料进行了详细的介绍，高温复合相变储热材料是一种以稳定陶瓷氧化物为基体骨架，以无机盐为相变介质的复合材料，采用物理共混法在特定的温度曲线下烧结制备而成，具有良好的热物性能，150～750℃的储热密度达到1070J/g，高低温循环寿命可达3000次，可作为高温电蓄热领域的优良储热介质进行推广应用。

参 考 文 献

[1] 张仁元，朱泽培，朱焕良，等. 相变（复合）储能技术应用与开发可行性研究报告 [R]. 广州：中国科学院广州能源研究所报国家纪委节能局，1988.

[2] 张仁元，柯秀芳，李爱菊. 无机盐/陶瓷基复合储能材料的制备和性能 [J]. 材料研究学报，2000，14（06）：652-656.

[3] 黄金，张仁元，伍彬. 融盐自发浸渗用微米级多孔陶瓷预制体的烧制 [J]. 材料导报，2006，20（05）：126-135.

[4] 吴建锋，李剑，徐晓虹，等. 用于太阳能储热的粘土结合SiC复相陶瓷研究 [C]//2009全国功能材料科技与产业高层论坛论文集. 2009：499-503.

[5] WU J，LI J，XU X，et al. Molten salts/ceramic-foam matrix composites by melt infiltration method as energy storage material [J]. Journal of Wuhan University of Technology-Mater. Sci. Ed.，2009，24（04）：651-653.

[6] ZHAO C Y，WU Z G. Heat transfer enhancement of high temperature thermal energy storage using metal foams and expanded graphite [J]. Solar Energy Materials and Solar Cells，2011，95（02）：636-643.

[7] 葛志伟. 中高温复合结构储热材料的制备及性能研究 [D]. 北京：中国科学院大学，2014.

[8] PETRI R J，CLAAR T D，ONG E T. High-temperature salt/ceramic thermal storage phase-change media [C]//Proc.，Intersoc. Energy Convers. Eng. Conf.；（United States）. Institute of Gas Technology，1983.

[9] RANDY J P，ESTELA T. High Temperautre Composite Thermal Storage system for industrial

Application ［J］. Proceedings of 20th Energy Technology Conference, Washington, DC, 1985.

［10］ CLAAR T D, ONG E T, PETRI R J. Composite salt/ceramic media for thermal energy storage applications ［C］//Proc., Intersoc. Energy Convers. Eng. Conf.; (United States). Institute of Gas Technology, Chicago, IL, 1982.

［11］ GLUCK, TAMME R, KALAF H. Development and Testing of Advanced TES materials for Solar Thermal Central Receier Plants ［J］. Proceedings, Solar World Congress, 1991, 2 (02): 1943-1948.

［12］ HAHNE E, TAUT U and GROB Y. Salt Ceramic Themral Energy Storage for Solar Thermal Central Receier Plants ［J］. Proceedings, Solar World Congress, 1991, 2 (02): 1937-1942.

［13］ MICHAEL E, VAN V, ROBERT L V, et al. Thermochemistry of ionic liquid heat-transfer fluids ［J］. Thermochimica Acta, 2005, 425 (01-02): 181-188.

［14］ HAE S K, MI K K, SUN B K. Bending strength and crack-healing behavior of Al2O3/SiC composites ceramics ［J］. Materials Science and Engineering A, 2008, 483 (01): 672-675.

［15］ SOTERIS A K. Parabolic trough collectors for industrial process heat in Cyprus ［J］. Energy, 2002, 27 (09): 813-830.

［16］ MICHELS H, ROBERT P P. Cascaded latent heat storage for parabolic trough solar power plants ［J］. Solar Energy, 2006, 81 (06): 829-837.

［17］ LI C, Thermal energy storage using carbonate-salt-based composite phase change materials: Linking materials properties to device performance ［D］. University of Birmingham, 2016.

［18］ HAO Y, SHAO X, LIU T, et al. Porous MgO material with ultrahigh surface area as the matrix for phase change composite ［J］. Thermochimica Acta, 2015, 604: 45-51.

［19］ WANG Y. Preparation and characterization of Na2SO4/MgO composite phase change material for thermal energy storage ［J］. Energy for Metallurgical Industry, 2011, 3: 014.

［20］ GOKON N, NAKAMURA S, HATAMACHI T, et al. Steam reforming of methane using double-walled reformer tubes containing high-temperature thermal storage Na2CO3/MgO composites for solar fuel production ［J］. Energy, 2014, 68: 773-782.

［21］ GE Z, LI Y, LI D, et al. Thermal energy storage: challenges and the role of particle technology ［J］. Particuology, 2014, 15: 2-8.

［22］ 葛志伟, 叶锋, MATHIEU L, 等. 中高温储热材料的研究现状与展望 ［J］. 储能科学与技术, 2012 (02): 89-102.

［23］ GE Z W, YE F, DING Y L. Composite Materials for Thermal Energy Storage: Enhancing Performance through Microstructures ［J］. ChemSusChem, 2014, 7 (05): 1318-1325.

［24］ GE Z W, YE F, CAO H, et al. Carbonate-salt-based composite materials for medium-and high-temperature thermal energy storage ［J］. Particuology, 2014, 15: 77-81.

［25］ GOKON N, INUTA S, YAMASHITA S, et al. Double-walled reformer tubes using high-temperature thermal storage of molten-salt/MgO composite for solar cavity-type reformer [J]. International journal of hydrogen energy, 2009, 34 (17): 7143-7154.

[26] GOKON N, NAKANO D, INUTA S, et al. High-temperature carbonate/MgO composite materials as thermal storage media for double-walled solar reformer tubes [J]. Solar Energy, 2008, 82 (12): 1145-1153.

[27] LOPEZ J, ACEM Z, BARRIO EPD. KNO_3/$NaNO_3$-Graphite materials for thermal energy storage at high temperature: Part II. Phase transition properties [J]. Applied Thermal Engineering, 2010, 30 (13): 1586-1593.

[28] SARI A, KARAIPEKLI A. Thermal conductivity and latent heat thermal energy storage characteristics of paraffin/expanded graphite composite as phase change material [J]. Applied Thermal Engineering, 2007, 27: 1271-1277.

[29] 汪向磊, 郭全贵, 王立勇, 等. 高导热定型聚乙烯/石蜡/膨胀石墨相变复合材料的研究 [J]. 功能材料, 2013, 44 (23): 3401-3404.

第3章

高温复合相变储热材料性能的研究方法

3

材料的性能研究方法是高温复合相变储热材料的重要研究内容，有助于人们客观地评价储热材料的优劣，可以为发展新材料和改善传统材料提出新方法、提供新思路。

基于当前储热材料性能测试相关标准和评价技术的发展现状，本章进行了高温相变储热材料测试技术的适用性分析，通过对已有的储热材料性能的测试方法与技术的梳理，提出了适用于高温复合相变储热材料的测试方法与技术。

3.1 高温热物性的测定方法

高温热物性是指材料在高温下表现出的热学和物理学性能，主要包括比热容、导热系数、相变焓、热膨胀系数等，属于储热材料的核心性能。高温热物性直接反映了材料的储热能力、热能转换效率以及其在高温使用温度下体积的变化情况，对材料在储热技术中的实际应用具有重大的意义，是储热材料性能研究中最重要的一类评价指标。

3.1.1 相变温度和相变焓

相变温度和相变焓是相变材料特有的性能指标，是区分各种相变材料的最基本指标。高温复合相变储热材料的相变温度属于高温范畴，测定难度较大。另外，由于高温复合相变储热材料属于多组分的复合类材料，其相变温度和相变焓不同于任意一种单一组分，因此涉及具体测定方法的研究十分必要。

相变温度，顾名思义就是指相变材料在发生物相变化时的温度，以水为例，当水从固态冰开始融化转变为液态水时的温度为0℃，因此也可以说冰与水的相变温度为0℃。

相变焓又称相变潜热，即物质在发生相变时所释放出的热量，具体定义是指一定量的物质在恒定温度及压力（通常是相平衡温度及相平衡压力）下发生相变时与环境交换的热。正是由于相变潜热的存在，物质在发生相变过程中才可以保持自身温度恒定，使得相变材料成为储热材料中极具潜力的一种。

3.1.1.1 相变温度和相变焓的测定方法

相变温度和相变焓是两个紧密相关的指标，通常可采用同样的测定方法同时测得，因此本小节将对两者的具体测定方法进行合并论述。目前测定物质相变温度和相变焓的方法主要有差示扫描量热法（Differential Scanning Calorimetry，DSC）和 Temperature-history 曲线法两种。

（1）差示扫描量热法（DSC）

DSC 是一种通过测定试样和参比样之间热功率差与时间温度关系来分析物质热物性能的方法。试样和参比样的功率差（如以热的形式）与温度的关系曲线称为 DSC 曲线，它以样品吸热或放热的速率，即热流率 dH/dt（单位 mJ/s）为纵坐标，以温度 T 或时间 t 为横坐标。DSC 曲线可以测定多种热力学和动力学参数，例如比热容、反应热、转变热、相图、反应速率、结晶速率、高聚物结晶度、样品纯度等。该方法具有使用温度范围宽、分辨率高、试样用量少等优点，适用于无机物、有机化合物及药物分析。

DSC 作为一种用途广泛的测试技术，通过测得材料的熔融、结晶等行为中质量、吸放热的变化，可以对材料进行鉴别，得到玻璃化转变、氧化稳定性、动力学、纯度、比热容等参数，但也并没有测定相变材料热工性能的先例。考虑到 DSC 方法本身的特点，通过测定在恒定压力条件下相变材料的熔融温度、结晶温度、熔融焓变和结晶焓变来体现被测物质的热工性能，从而得出一定质量的相变材料在相变过程中所需要的能量，与国家所规定的节能标准直接联系起来，因此可成为判定此类材料节能效果优劣的一个重要的性能指标[1]。

因此，相变焓温度和相变焓可使用 DSC 直接进行测定分析，通过分析 DSC 曲线中热流的变化趋势，再结合对材料已有的基础认识，从而确定测定物质的相变温度。而 DSC 曲线与温度变化的积分则代表了所测物质在该温度范围内的吸放热量，如将积分的温度区间选取在相变发生的温度范围就可以得到物质在相变时产生的热量。

典型的凝固过程的 DSC 测试曲线如图 3-1 所示。

图 3-1 中，T_{on} 为凝固起始温度，$T_{on,ex}$ 为外推凝固起始温度，T_{end} 为凝固结束温度，$T_{end,ex}$ 为外推凝固结束温度，T_{peak} 为峰值温度。一般认为外推起始温度是物质的凝固点。通过对该凝固过程中的热流进行积分，就可以得到相变潜热。

（2）Temperature-history 曲线法

相比于 DSC，Temperature-history 曲线法的实验方法更简单，实验装置易得，测量试样质量较大。Temperature-history 曲线法的实验装置原理图如图 3-2 所示。

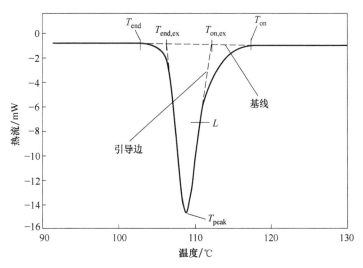

图 3-1　典型的凝固过程的 DSC 测试曲线

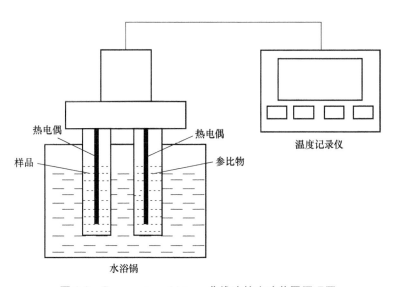

图 3-2　**Temperature-history** 曲线法的实验装置原理图

图 3-2 所示的试管中分别装有样品和参比物（本例中用水），由水浴锅加热到相同的初始温度 T_0，待温度稳定后，迅速将两个试管移到室温 T_a 环境中，并且用温度记录仪记录下整个降温过程中的温度曲线，如图 3-3 所示。

从图 3-3 中可以观察发现，样品温度在 T_{m1} 时开始趋于平稳，所以认为 T_{m1} 是样品的凝固点。另外，根据样品中水和环境的能量守恒公式，可以推导出样品的潜热计算如下

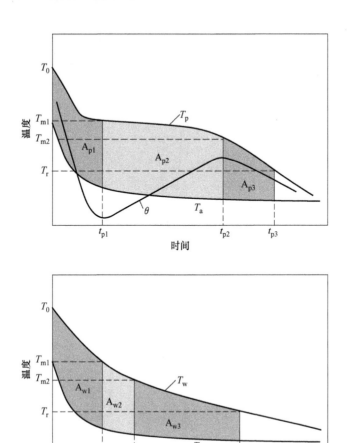

图 3-3　样品和参比物的 Temperature-history 曲线

$$H_{\text{ls}} = \frac{(m_{\text{t}}c_{\text{pt}} + m_{\text{w}}c_{\text{pw}})(T_{\text{m1}} - T_{\text{m2}})}{m_{\text{p}}} \frac{A_{\text{p2}}}{A_{\text{w2}}} - \frac{m_{\text{t}}c_{\text{pt}}(T_{\text{m1}} - T_{\text{m2}})}{m_{\text{p}}} - c_{\text{pm}}(T_{\text{m1}} - T_{\text{m2}}) \qquad (3\text{-}1)$$

3.1.1.2　高温复合相变储热材料相变温度和相变焓的测定方法

对于储热材料而言，目前还未有具体针对性的相变温度和相变焓的测定标准出台。当前，具备资质的测试机构多以标准 JY/T 014—1996《热分析方法通则》中规定的测定方法进行相变温度和相变焓的测定，采用的具体方法及仪器则多以差示扫描量热法为主。高温复合相变储热材料具有更高的相变温度和更复杂的成分，测试难度也进一步增大，鉴于此，本书研究的此类储热材料在进行相关测试时需更多根据测试方法的适用范围、精确度、安全性等因素来进行选择。表 3-1 对当前两种常用的相变焓测定方法进行了对比。

表 3-1　两种常用的相变焓测定方法对比表

评 价 方 法	优 　 点	缺 　 点
差示扫描量热法（DSC）	精确度高、温度范围广、可通保护气氛安全性高	测试样品较少，在反应大模块储热材料时可能存在一定的偏差
Temperature-history 曲线法	方法简单、装置易得、测量样品质量较大、更加接近实际情况	精确度不如 DSC 高，需自行搭建平台

从表 3-1 中标注可以看出，DSC 在精确度、测量温度范围等方面具有明显的优势，而 Temperature-history 曲线法在用于大体积样品的储热性能测试时具有优势，但是该方法需要自行搭建实验平台，所以在实现大范围精确控温方面，不如 DSC 有效。对于材料的相变温度和相变焓，当前国内外广泛使用的测量方法是 DSC，DSC 可以实现大温度范围的测试。考虑到高温储热材料较高的使用温度以及一些特殊的理化性能，采用 DSC 在可以得到更为准确的数据的基础上，还能确保测试过程中的安全，也是目前最适用于材料相变温度和相变焓的测试方法。

图 3-4 所示为采用 Netzsch STA 热分析仪进行 DSC 曲线测试得到的分析曲线，DSC 中自带的数据处理软件可精确计算分析出测量物质的相变焓值，图 3-4 中的峰值表示测试样品的相变温度，对应的峰面积则表示样品的相变焓。该方法可快速且较为精确地测定得到材料的相变温度和相变焓，是适用于高温复合相变储热材料性能测定的方法。

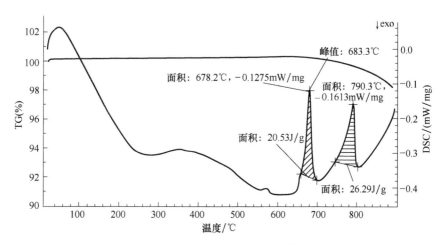

图 3-4　采用 Netzsch STA 热分析仪进行 DSC 曲线测试得到的分析曲线

小结

相变焓直接决定了相变储热材料的储热能力和储热温度范围，是评价相变储热材料最重要的指标。本小节对相变焓的评价技术进行了分析研究，总结归纳了目前几种主要的相变焓测定方法。由于相变焓的测量技术缺乏直接相关的测试标准支撑，所以针对高温储热材料的特性，总结了适用于该类材料的评价技术。DSC方便快捷，可以实现大温度范围的测试。另外，需要注意的是，在实际测试中，升温速率会很大程度上影响测得的相变温度和相变焓，所以在测试时，要控制升温速率等参数一致。

3.1.2 比热容

比热容简称比热，指的是单位质量的某种物质升高或下降单位温度所吸收或放出的热量，表示物体吸热或散热的能力。比热容越大，物体的吸热或散热能力则越强。其国际单位制中的单位是 J/（kg·K），即令 1kg 的物质的温度上升 1K 所需的能量。比热容越大，该物质便需要更多的热能加热。以水和油为例，水和油的比热容分别约为 4200J/（kg·K） 和 2000J/（kg·K），即把水和油加热升高同样的温度时，水需要的热能比油多出约 1 倍。若以相同的热能分别把水和油加热的话，油的温升将比水的温升高。

比热容属于储热材料的核心性能之一，是衡量储热材料显热储热能力的最基本指标。

3.1.2.1 比热容已有的测定设备及方法

比热容的测定是以量热技术为基础的，不同的量热技术、不同的温区就需要不同的测定方法，因此也会对应不同的测定设备。目前，已知比较成熟的比热容测定方法主要有差示扫描量热法（DSC）、微量量热法、绝热量热法等[1]。

1. DSC

DSC 在测定比热容时，DSC 测定装置会在试样和参比物容器下装有两组补偿加热丝，当试样在加热过程中由于热效应与参比物之间出现温差 ΔT 时，通过差热放大电路和差动热量补偿放大器，使流入补偿加热丝的电流发生变化，当试样吸热时，补偿放大器使试样一边的电流立即增大；反之，当试样放热时则使参比物一边的电流增大，直到两边热量平衡，温差 ΔT 消失为止。试样在热反应时发生的热量变化，由于及时输入电功率而得到补偿，所以实际记录的是试样和参比物下面两只电热补偿的热功率之差随时间 t 的变化关系。如果升温速率恒定，记录的也就是热功率之差随温度 T 的变化关系。DSC 测定示意图如图 3-5 所示。

因为参比物是已知比热容的物质，所以通过测定得到的热功率之差与温度之间的变化曲线即可计算出测试样品的比热容。

DSC 是目前应用最广泛的比热容测定方法，在实际使用 DSC 测定物质比热容时，可分为以下三种主要的测定方法：直接法、蓝宝石法和调制 DSC。

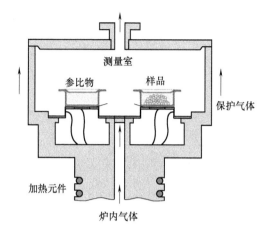

图 3-5　DSC 测定示意图

下面分别详细介绍以上三种测定比热容方法的操作流程和优缺点。

（1）直接法

用直接法测定比热容最大的优点就是方便快捷，仅需要两次测试就能得到待测物质的比热容。第一步先要做空白测试，即将两个型号相同、质量接近的空坩埚分别作为样品和参比物。运行温度程序，得到空白曲线 I。第二步保持参比坩埚不变，将一定量的样品放入样品坩埚，运行同样的温度程序，得到样品曲线 II。在 DSC 操作软件中，用样品曲线 II 减去空白曲线 I，得到测试曲线 III。然后根据比热容的定义，用下式可得到待测物质的比热容，即

$$c_{\mathrm{p}} = \frac{\mathrm{HF}}{m\beta} \tag{3-2}$$

式中，HF 是热流；m 是待测物质的质量；β 是升温速率。

虽然直接法具有方便快捷的优点，但是因为这种方法直接通过测量的热流计算比热容，对热流校准的要求较高，同时称重误差、热传导性差都会影响最终的计算结果，所以这种方法的准确性较差。

（2）蓝宝石法

蓝宝石法和直接法具有本质的区别，它是一种间接地、相对地获得待测物质比热容的方法。在这种方法中，需要进行三次测试来获得物质最终的比热容。第一步，和直接法相同，进行空白测试，得到曲线 I。第二步，和直接法相同，进行样品测试，得到曲线 II。第三步，将已知比热容的蓝宝石作为样品，用同样的温度程序运行，得到热流曲线 III。根据下式可以间接得到待测物质的比热容，即

$$c_{\mathrm{p}} = \frac{\mathrm{HF}}{m}\frac{m_{\mathrm{sap}}}{\mathrm{HF}_{\mathrm{sap}}}c_{\mathrm{psap}} \tag{3-3}$$

式中，m_{sap}、HF_{sap} 和 c_{psap} 分别是蓝宝石的质量、热流和比热容。

（3）调制 DSC

调制 DSC 和传统 DSC 的主要区别是控温程序。传统 DSC 的控温程序是线性的，由下式来表示，即

$$T = T_0 + \beta t \tag{3-4}$$

调制 DSC 在传统 DSC 的线性控温程序的基础上，叠加了一个周期调制函数，通常为正弦函数，由下式来表示，即

$$T = T_0 + \beta t + f(t) \tag{3-5}$$

通常 $f(t) = T_A \sin\omega t$。

使用调制 DSC 的好处是能将物质在加热过程中经历的可逆和不可逆过程分离开来，从而更加精准地测定比热容。

2. 微量量热法

微量量热法是一种较为简便、可量化的测定物质比热容的测定方法，主要应用于生物与化学领域，用微量量热计能够准确地显示出量热池内部的微小温升。20 世纪 60 年代以来，化学反应的摩尔焓和一些热力学及动力学参数都可以从量热计测定的热谱曲线中解析出来，故微量量热法的应用范围较为广泛。

（1）实验仪器及条件

实验在微量量热计上进行，以 RD496-Ⅲ型微量量热计为例，它是在普通微量量热计的基础上，通过智能 A/D 模块转换，将热信号变成的电信号通过计算机程序"复原"于界面上，并记录下热曲线和热数据。微量量热计的工作原理如图 3-6 所示。

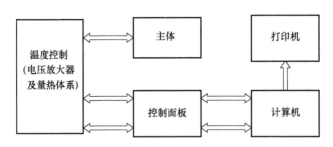

图 3-6　微量量热计的工作原理

通过测定标准参比物的热性能，得到微量量热计的准确度和相对标准偏差。量热实验采用将样品放置在固定体积的样品容器中，并以同样大小的参考容器为空白对照，热平衡后加热、断电并记录量热曲线。

（2）计算

测定比热容示意图谱如图 3-7 所示。

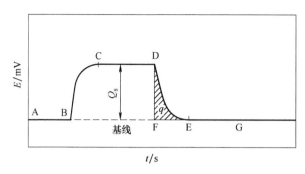

图 3-7　测定比热容示意图谱

图 3-7 中，AG 为基线；于 B 点处，通 Peltier 电流加热，至 CD 达新的动态平衡（Q_s 为稳态下的热流量）；在 D 点切断电流，至 E 点体系回到初始平衡状态（即基线），q 即为图 3-7 中阴影部分积分所代表的总不平衡热。

为了测定试样的比热容，在微量量热计上用相同大小的 Peltier 电流对空测量容器 1、装有待测试样的测量容器 2、装有第一种标准物质的测量容器 3 以及装有第二种标准物质的测量容器 4，建立相应的吸热方程，即

$$\text{对容器 1：} \quad q_0 = a\theta \tag{3-6}$$

$$\text{对容器 2：} \quad q = (a + mc)\theta \tag{3-7}$$

$$\text{对容器 3：} \quad q_1 = (a + m_1 c_1)\theta \tag{3-8}$$

$$\text{对容器 4：} \quad q_2 = (a + m_2 c_2)\theta \tag{3-9}$$

式中，q_0，q，q_1，q_2 分别为上述四个测量容器由切断 Peltier 电流后曲线回到基线所放出的总不平衡热，单位为 J；a 为空测量容器的视热容，单位为 J/K；θ 为动态平衡时微量量热计的平衡温度，单位为 K；m，m_1，m_2 分别为待测试样、第一种标准物质和第二种标准物质的质量，单位为 g；c，c_1，c_2 分别为待测试样、第一种标准物质和第二种标准物质的比热容，单位为 J/(g·K)。

由以上几个公式可得

$$c = \left[(q - q_0)/2m\right]\left[m_1 c_1/(q_1 - q_0) + m_2 c_2/(q_2 - q_0)\right] \tag{3-10}$$

这样，只要已知两种标准物质的比热容 c_1 和 c_2，就可由式（3-10）计算待测试样在两种标准物质标定下的比热容 c。

微量量热法虽然操作简单，应用广泛，但其精确度仍有待提高，且测量温度范围较小，所以目前很少应用于高温材料的比热容测定。

3. 绝热量热法

绝热量热法是基于对热的绝对测量，测试原理是通过测量样品的加热量（固定压力下的焓增），并测量其温升，然后计算得到比热容的值。绝热量热法的发展较早，是测定材料比热容方法中较成熟与精确的一种，为了得到样品的比

热容，要求实验装置有非常好的绝热性能，因此对其测控系统的精度要求也相应较高。绝热量热卡计及其测控系统示意图如图3-8所示。

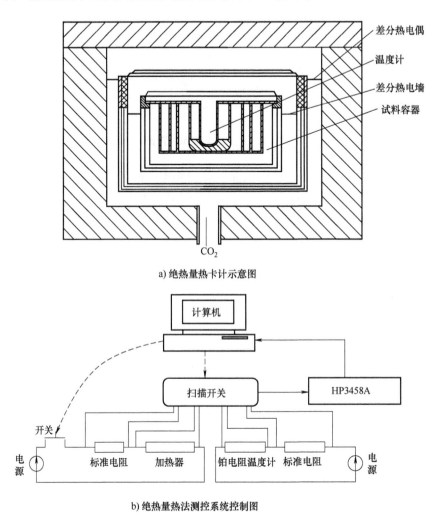

a) 绝热量热卡计示意图

b) 绝热量热法测控系统控制图

图3-8 绝热量热卡计及其测控系统示意图

在绝热条件下，加热一段时间后，通过测量温升率和加热功率得到样品的比热容[1]，绝热量热法的加热是在绝热量热卡计内进行的，其测试精度也取决于卡计性能的好坏，一般适用于室温到500℃左右的比热容测试，但在高于500℃以后由于温度控制系统造成的辐射热损增加会导致测试精度的下降。另外，绝热量热法中的定量加热法每加热一次都需要等到热平衡以后再进行下一次测量，测试周期相对较长，这也限制了该方法的广泛应用。

此外，国内一些科研机构也对材料比热容的测定方法进行了一些探索研究，中国科学院金属研究所对金属材料的热物性做过系统研究工作，其采用激光闪光法、下落法对材料比热容的测定研究取得了一定的进展[2]。航天材料及工艺研究所、中国核动力院等单位建立的材料热物性测试装置能够在一些温区对材料的比热容进行测定，但并未形成权威的国家比热容测定标准。

3.1.2.2　高温复合相变储热材料的比热容测定方法

目前，在国内外的科研机构中，DSC 是最为普遍的比热容测定方法。表 3-2 所示为当前三种主要测定比热容方法的对比情况，DSC 虽然设备成本偏高，但在精确度、测温范围和处理数据方面都远高于发展较早的微量量热法和绝热量热法。另外，在高温比热容的测定方面，DSC 具有的优势更加明显，德国耐驰、梅特勒、美国 TA、马尔文等公司生产的差示扫描量热仪不但具有精确的控温系统，而且可以在保护气氛下对实验所得的数据进行精确处理，试验测试的安全性与数据可靠性均能得到有效保证。

表 3-2　当前三种主要测定比热容方法的对比情况

测定方法	优　点	缺　点
DSC	精确度高、温度范围广、数据处理方便、应用最广	操作不够简便，设备成本较高
微量量热法	操作简单、应用广泛	精确度有待提高，测量温度范围较小
绝热量热法	原理简单、发展较成熟	一般适用于室温到500℃左右的比热容测定，测量耗时较长

小结

目前在比热容测定技术相关的测定标准中，尚无具体针对相变储热材料比热容的测定标准，已有的测定标准主要集中于塑料、陶瓷材料及原油等材料，采用的测定方法中 DSC 占大多数。针对高温复合相变储热材料较高的应用温度，基于对三种比热容测定方法的特点分析，笔者认为 DSC 是目前最适用于高温复合相变储热材料比热容测定的方法，其具体测定方法可参照 NB/SH/T 0632—2014《比热容的测定　差示扫描量热法》进行。

3.1.3　导热系数

导热系数是指在稳定传热条件下，1m 厚的材料，两侧表面的温差为1℃，在 1s 内，通过1m² 面积传递的热量，导热系数的单位为 W/(m·K)。定义公式如下

$$k_x = -\frac{q_x}{\left(\dfrac{\partial T}{\partial x}\right)} \qquad (3\text{-}11)$$

式中，x 为热流方向；q_x 为该方向上的热流密度，单位为 W/m^2；$\dfrac{\partial T}{\partial x}$ 为该方向上的温度梯度，单位为 K/m。对于各向同性的材料来说，各个方向上的导热系数是相同的。

不同物质的导热系数各不相同；相同物质的导热系数与其结构、密度、湿度、温度、压力等因素有关。一般来说，固体的导热系数比液体的大，而液体的又要比气体的大，而同一物质的含水率低、温度较低时，导热系数也相应较小[3]。

不同物质对导热系数的要求统计情况见表 3-3。

表 3-3　不同物质对导热系数的要求统计情况

材料名称	导热系数/[W/(m·K)]
绝热材料	0.03~0.17
耐火材料	1.5~5.0
导热材料	≥10

3.1.3.1　导热系数已有的测定方法

测定导热系数的方法与仪器有许多种，主要可分为稳态法和瞬态法（又称为非稳态法）两大类，其中稳态法包括平板导热法、保护热流法、保护热板法、热箱法等；瞬态法包括热线法、探针法、热盘法、热带法、激光闪射法等。不同导热系数的测定方法，各有其不同的适用范围。具体方法如下所述。

1. 稳态法

稳态法是指当待测试样上的温度分布达到稳定后，即试样内温度分布是不随时间变化的稳定的温度场时，通过测定流过试样的热量和温度梯度等参数来计算材料的导热系数的方法。它是利用稳定传热过程中，传热速率等于散热速率的平衡条件来测定导热系数。

稳态法具有原理清晰、模型简单、结果易得等优点，适用于较宽温区的测量；缺点是实验条件苛刻、测量时间较长、对样品要求较高。

稳态法主要用于测量固体材料，特别是低导热系数材料（如保温材料）的导热系数。

（1）平板导热法

平板导热法也称为稳态热流法，测试方法如图 3-9 所示，将厚度一定的方形样品（长宽各为 30cm、厚为 10cm）插入两个平板之间，设置一定的温度梯度。使用校正过的热流传感器测量通过样品的热流。测量样品厚度、温度梯度与通过样品的热流便可计算导热系数。这种方法适用于测量导热系数在 $0.005 \sim 0.5$ W/（m·K）之间的材料，通常用于确定绝热体或绝热板的导热系数与 k 因子，具有易于操作、测量结果精确、测量速度快等优点，但是使用温度与测量范围有限。

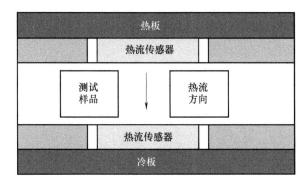

图 3-9　平板导热法的测试方法

（2）保护热流法

对于较大的、需要较高量程的样品，可以使用保护热流法导热仪。如图 3-10 所示为保护热流法的测量原理，其测量原理与普通热流法基本相同，不同之处是测量单元被保护加热器所包围，因此测量温度范围和导热系数范围更宽。

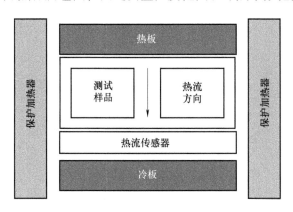

图 3-10　保护热流法的测量原理

（3）保护热板法

保护热板法的工作原理和使用热板法的热流法导热仪相似。热源位于同一材料的两块样品中间，使用两块样品是为了获得向上与向下方向对称的热流，并使加热器的能量被测试样品完全吸收。测量过程中，可精确设定输入到热板上的能量。通过调整输入到辅助加热器上的能量，对热源与辅助板之间的测量温度和温度梯度进行调整。热板周围的保护加热器与样品的放置方式确保从热板到辅助加热器的热流是线性的、一维的。辅助加热器后是散热器，散热器和辅助加热器接触良好，确保热量的移除与改善控制。测量加热板上的能量、温度梯度及两片样品的厚度，应用 Fourier 方程便能够算出材料的导热系数。

相比保护热流法，保护热板法的优点是温度范围宽（-180~650℃）与量程广［最高可达 2W/(m·K)］。此外，保护热板法使用的是绝热法，无需对测量单元进行标定。

2. 瞬态法

瞬态法是最近几十年内开发的导热系数测量方法，用于研究中、高导热系数材料，或在高温度条件下进行测量。瞬态法的特点是精确度高、测量范围宽（最高能达到 2000℃）、样品制备简单[4]，主要包括热线法和激光闪射法两种。

（1）热线法

热线法具有简便、快速、易于操作、精确、实验设备简单等优点，从而在工程技术和科学研究中得到了广泛的应用。现在热线法已经发展得比较完善，能够测量液体、气体、纳米流体、熔融盐和其他固体等。按国家标准（GB/T 10297—2015《非金属固体材料导热系数的测定 热线法》）热线法适用于导热系数小于 2W/(m·K) 的各向同性均质材料的导热系数的测定。

如图 3-11 所示为热线法导热系数测量仪器，热线法是在样品（通常为大的块状样品）中插入一根热线作为加热源。测试时，在热线上施加一个恒定的加热功率，使其温度上升，测量热线本身或与热线相隔一定距离的平板的温度随时间上升的关系。

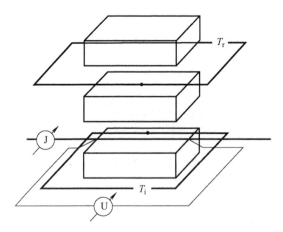

图 3-11　热线法导热系数测量仪器

测量热线的温升有多种方法。其中交叉线法是用焊接在热线上的热电偶直接测量热线的温升。平行线法则是测量与热线隔着一定距离的一定位置上的温升。热线法是利用热线（多为铂丝）电阻与温度之间的关系测量热线本身的温升。一般来说，交叉线法适用于导热系数低于 $2W/(m \cdot K)$ 的样品，热线法与平行线法适用于导热系数更高的材料，其测量上限分别为 $15W/(m \cdot K)$ 与 $20W/(m \cdot K)$。

（2）激光闪射法

激光闪射法是目前发展最快、最具代表性，且得到国际热物理学界普遍承认的一种方法。激光闪射法所要求的样品尺寸较小，测量范围宽，为 $0.1 \sim 2000W/(m \cdot K)$，测量温度广，为$-100 \sim 2000℃$，可测量除绝热材料以外的绝大部分材料，特别适合于中高导热系数材料的测量。激光闪射法直接测量的是材料的热扩散系数，原理图如图 3-12 所示，在设定温度 T（由炉体控制的恒温条件）下，由激光源在瞬间发射一束光脉冲，均匀照射在样品下表面，使其表层吸收光能后温度瞬时升高，并作为热端将能量以一维热传导方式向冷端（上表面）传播。使用红外检测器连续测量样品上表面中心部位的相应温升过程得到温度（检测器信号）升高对时间的关系曲线，根据升温时间即可计算得出材料的热扩散系数。

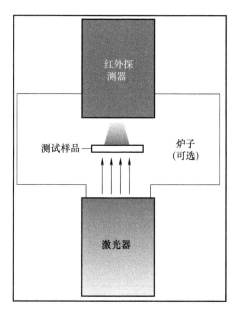

图 3-12　激光闪射法的原理图

目前，标准 GB/T 5990—2006《耐火材料导热系数试验方法（热线法）》中给出了热线法测量导热系数的两种方法——十字热线法和平行热线法，标准 GB/T

22588—2008《闪光法测量热扩散系数或导热系数》提及了激光闪射法（也叫闪光法）测导热系数，前文中所述的几种具体测试方法均属在参考以上两种测试标准的基础上制定。

3.1.3.2 高温储热材料导热系数评价方法分析

导热系数作为一种重要的热物性参数，对实际应用中储能系统的储放热效率有着重要的影响，高温复合相变储热材料的导热系数越高，其热能传递与转换效率则越高，在储热系统中的应用范围也越广。由于高温储热材料的应用温度较高，要求其具备一定的耐火度，这与耐火材料有一定的相似性。耐火材料的导热系数一般介于 1.5~5.0W/(m·k) 之间，故高温储热材料的导热系数在该范围内或偏高时材料的性能也较为理想。

目前主要的几种评价储热材料导热系数的测试方法的测试原理各不相同，其中最常见的为平板法，其原理简单，设备简易，可通过自己搭建实验平台实现测量，但是平板法不适合测量导热系数较高的材料。热线法和激光闪射法都属于瞬态法，瞬态法的原理和计算相对较复杂，但该方法反应速度快，测量准确性高，且适合测量的导热系数较广。

几种导热系数测试方法的对比见表 3-4，考虑到高温储热材料较高的使用温度，以及材料在高温条件下结构和组分可能发生的变化，采用瞬态法进行测试评价会相对更加准确，具体评价方法可参考上一小节中导热系数的国家测试标准。

表 3-4　几种导热系数测试方法的对比

测试方法	优　点	缺　点
平板导热法	模型简单、结果易得、温区较宽	测试时间长、样品要求高、主要用于测试低导热系数的固体
保护热流法	测量温度范围和导热系数范围更宽	测试时间长、样品要求高、只能测试固体
保护热板法	采用绝热法，无需对测量单元进行标定	适用于导热系数小于 2W/(m·K) 的材料
热线法	设备简便、操作简单、较精确	适用于各向同性均质材料
激光闪射法	样品要求尺寸小、测量范围最广、国际认可度高	不适用于绝热材料等导热系数低的物质

小结

导热性能作为储热材料的重要性能，是决定材料储热和释热速率的关键要素。本小节从材料的导热性能出发，介绍了导热系数的物理意义，以及几种不同导热系数的评价方法。通过分析各种测试方法的特点及适用范围，再结合高温复合相变储热材料的特性与应用要求，认为瞬态法为高温储热材料相对最为适用的评价测试方法。

3.1.4　热膨胀系数

热膨胀系数是指在一定压力下，物质随单位温度变化而产生的长度量值的变化，在国内的相关标准中，GB/T 4339—2008《金属材料热膨胀特征参数的测定》定义了三种热膨胀系数[5]。

1. 线性热膨胀

线性热膨胀是与温度变化相应的试样单位长度的变化，以 $\Delta L/L_0$ 表示（ΔL 是测得的长度变化，L_0 是基准温度 t_0 下的试样长度）。热膨胀常以百分率或百万分之几表示。基准温度一般以 20℃ 为准。

2. 平均线膨胀系数

平均线膨胀系数是在温度 t_1 和 t_2 区间与温度变化 1℃ 相应的试样长度相对变化的均值，平均线膨胀系数用 α_m 表示，即

$$\alpha_m = (L_2 - L_1)/[L_0(t_2 - t_1)] = (\Delta L/L_0)/\Delta t \qquad (t_1 < t_2) \tag{3-12}$$

式中，L_2 为温度 t_2 下的试样长度，单位为 mm；L_1 为温度 t_1 下的试样长度，单位为 mm；Δt 为 t_2 和 t_1 间的温度差，单位为℃。

3. 热膨胀率

在温度 t 下，与温度变化 1℃ 相应的线性热膨胀值，以 α_t 表示（α_t 一般以 $10^{-6}/$℃ 为单位），即

$$\alpha_t = \frac{1}{L_i} \lim_{t_2 \to t_1} \frac{L_2 - L_1}{t_2 - t_1} = (dL/dt)/L_i \qquad (t_1 < t_i < t_2) \tag{3-13}$$

式中，L_i 为温度为 t_i 时的试样长度。

在通常情况下，表征材料的热膨胀特性采用平均线膨胀系数。热膨胀系数在加热过程中，特别是较高温度下的测定比较复杂，其与材料的成分、是否相变、晶体缺陷、处理工艺、热应力等因素都有一定的关系，因此研究高温复合相变储热材料的热膨胀系数的测定方法具有十分重要的意义。

3.1.4.1　热膨胀系数已有的测定设备及方法

目前，热膨胀系数的测试主要集中于金属材料、建筑材料和耐火材料等领域，主要包括顶杆法和示差法两大类测试方法。在标准 GB/T 7320—2008《耐火

材料 热膨胀试验方法》和 JUS B. D8. 330—1981《耐火材料 线热膨胀系数的测定》中提到了顶杆法和示差法两种测试热膨胀系数方法的具体测试方法与标准要求，下面做详细的介绍。

1. 顶杆法

目前，国内耐火材料行业大多采用顶杆法测试材料的线膨胀率，我国采用的顶杆式热膨胀测定方法是以规定的升温速率将试样加热到指定的试验温度，测定随温度升高试样长度的变化值，计算出试样随温度升高的线膨胀率和指定温度范围的平均线膨胀系数。顶杆法热膨胀仪主要由两部分组成：即温度测控系统和位移测量系统[6]。

（1）设备组成

1）加热炉：应能容纳试样及装样管（见图 3-13），装样管一端封闭，另一端固定在支撑架上，试样放置在封闭端和顶杆之间，并能光滑无阻地沿轴线移动。加热炉应保证装样管内的炉温均匀，必要时应具备相应的保护装置和提供保护气氛。

2）位移测量系统：位移传感器用于测量试样的长度变化，其线性要求在0.1%以上，准确度要求不低于0.5%，量程不小于试样的10%。每次设备校验时应校验位移传感器的精准度。

3）温度测控系统：按照程序给定的升温速率升温，测控炉的精度为+0.5%。

4）热电偶：由铂/铂铑丝制成，并与最终试验温度相匹配。符合 GB/T 16839.1 和 GB/T 16839.2 的要求。

5）电热干燥箱：温度能控制在（110±5）℃。

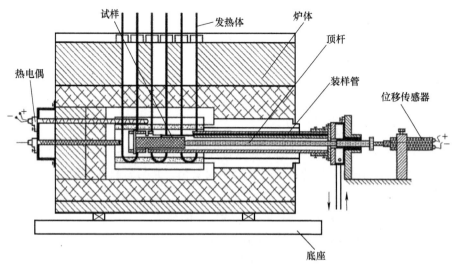

图 3-13 装样结构示意图

6）游标卡尺：分度值为 0.02mm。

7）标准样：用于标准系统，推荐采用氧化铝标准试样（Al_2O_3 含量 $\geqslant 99.8\%$，体积密度 $\geqslant 3.7g/cm^3$）作为标准试样。

（2）样品形状尺寸

从样品或预制的试样上切取试样，其周边与制品边缘的距离至少为 15mm，应制成 $\phi 10mm \times 50mm$ 的圆柱体试样，对于不宜制成次样的，可采用 $20mm \times 20mm \times 100mm$ 的长方体。

试样两端应磨平并且相互平行并与其轴线垂直，制样时应避免试样产生裂纹和水化现象。试样制取后应于（110 ± 5）℃烘干，然后在干燥器中冷却至室温。

（3）仪器校正

仪器校正值是指仪器的测试系统随温度升高而变化的一系列数据。当实验室条件改变或仪器部件更换时，或校验期已到时，需要校正测试系统的膨胀。

（4）测试步骤

1）测量并记录试样在室温下的长度，精确至 0.02mm。

2）将式样放入装样管的装样区，热电偶的热端位于试样长度的中心位置，使试样、顶杆、位移传感器接触良好。

3）以 4~5℃/min 的升温速率加热，直至试验最终温度。按一定温度间隔记录位移传感器的读数并计算出试样的膨胀或收缩。

（5）结果计算

试样的线膨胀率 ρ，以%表示，按下式计算，即

$$\rho = \frac{L_t - L_0}{L_0} \times 100\% + A_K(t) \tag{3-14}$$

式中，L_0 为试样的原始长度，单位为 mm；L_t 为试样在试验温度 t 时的长度，单位为 mm；$A_K(t)$ 为仪器校正值，（%）。

试验结果按 GB/T 8170 修约至 2 位小数。

按下式计算室温至试验温度 t 的平均线热膨胀系数 α，单位为 $10^{-6}/$℃：

$$\alpha = \frac{\rho}{(t-t_0) \times 100} \times 10^6 \tag{3-15}$$

式中，ρ 为试样的线膨胀率，（%）；t_0 为室温，单位为℃；t 为试验温度，单位为℃。

试验结果按 GB/T 8170 修约至 1 位小数。

作为传统的热膨胀仪中的顶杆法热膨胀仪的优点是结构简单，操作方便，适用于各种形状的试样；缺点是属于接触、相对测量方法，需要用标准样对系统进行标定。

2. 示差法

（1）原理

圆柱试样在压应力下以恒定的速率加热，记录温度和试样高度的变化，计算试样高度随温度变化的百分率。

（2）测量装置

测量装置安装在试样下方（见图3-14和图3-15），包括以下几个内容：

1）外示差管，放置在支承棒内，紧贴下垫片的下表面，并可在支承棒内自由移动。

2）内示差管，放置在外示差管内，并通过下垫片和试样的中心孔紧贴上垫片的下表面，并能在外示差管内的下垫片和试样之间自由移动。

3）测量仪器（如千分尺或包括自动记录系统的位移传感器）安装在外示差管的一端，由内示差管传动，测量装置的灵敏度至少为0.001mm。

4）内、外示差管应能承受给定的压力指导最终的试验温度而不发生显著变形。

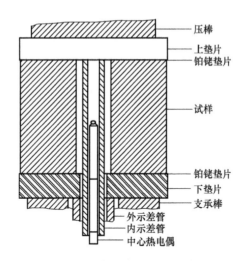

压棒
上垫片
铂铑垫片

试样

铂铑垫片
下垫片
支承棒
外示差管
内示差管
中心热电偶

图 3-14　试样、压棒、垫片和示差管安装示意图

（3）试样要求

试样为中心带孔的圆柱体，直径为（50±0.5）mm，中心孔直径为12~13mm，并与圆柱体同轴。试样的轴向应与制品的压制方向一致。试样的上下端应平整并相互平行（必要时可以研磨），而且应与圆柱体轴线垂直。圆柱体表面不应有肉眼可见的缺陷。

（4）测试步骤

1）测量试样的高度及内外径精确到0.1mm，将试样放置在压棒和支承棒之

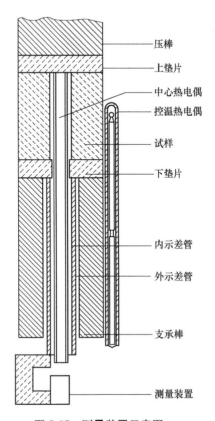

压棒

上垫片

中心热电偶

控温热电偶

试样

下垫片

内示差管

外示差管

支承棒

测量装置

图 3-15　测量装置示意图

间，并用垫片隔开，调整测量装置至合适的位置，并将其放入试验炉内。

2）对压棒施加恒定的力使得作用于试样上的载荷（包括压棒的质量）为 0.2MPa。总应力变化不超过±1N。若双方同意，试验也可以采用其他载荷。

3）按（5±0.5）℃/min 的升温速率加热至最终的试验温度，升温速率由控温热电偶调节。若双方同意，试验也可采用其他的升温速率。

4）按一定的温度间隔（中心热电偶显示的温度）记录测量装置的读数，直至试验结束。

（5）结果计算

1）利用获得的数据绘制曲线 C_1（见图 3-16），C_1 代表试样高度变化与中心热电偶测量温度的关系，不计内、外示差管长度的变化。

2）确定内示差管在试样中心孔的一段长度 L_1 随温度变化的百分率，绘制校正曲线 C_2。

3）在任何给定温度下，$AB = CD$，绘制校正后曲线 C_3（见图 3-16）。

4）按以下形式表述结果：

① 在升温过程中，绘制试样高度变化百分率（相对于原始高度）和温度的关系曲线（膨胀曲线）。

② 试样的线膨胀率ρ，以%表示，按下式计算，即

$$\rho = \frac{L_t - L_0}{L_0} \times 100\% \qquad (3\text{-}16)$$

式中，L_0 为试样的原始高度，单位为 mm；L_t 为试样在试验温度 t 时的长度，单位为 mm。

试验结果按 GB/T 8170 修约至保留 2 位小数。

③ 对待顶的温度范围按式（3-16）计算线膨胀系数。

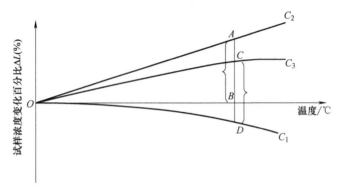

图 3-16　校正曲线

目前，材料热膨胀系数一般采用专用的热膨胀仪进行测试，国内外市场上已出现 LINSEIS、NETZSCH 等多家专业仪器生产商，主要包括卧式热膨胀仪（顶杆法）和立式热膨胀仪（示差法）两种，其中卧式热膨胀仪的精确度相对更高，在科研机构中的应用更广。

3.1.4.2　高温复合相变储热材料热膨胀系数的测定方法分析

由于高温复合相变储热材料的应用温度较高，因此通常需要进行一定的封装与固定处理。如果材料的热膨胀系数偏大时，其在高温下的体积变化也较大，会对封装结构造成破坏，使用性能也会随之下降，因此，高温储热材料的热膨胀系数通常越小越好。对于复合储热材料来说，由于其成分组分较多，几种组分的热膨胀系数如果相差较大也将不利于材料在高温下的稳定性，当几种组分各自的热膨胀系数较为接近时，材料在高温下将保持更好的稳定性，也将有利于其使用性能的提升。目前，国内外关于材料热膨胀系数测试方法的标准有很多，但多数集中于玻璃、陶瓷、塑料、半导体等材料，针对高温复合相变储热材料热膨胀系数的标准尚未制定。

两种热膨胀系数测试方法的对比见表 3-5，顶杆法发展较早且操作简单，目前国内使用较多，但精确度不及示差法，而示差法对样品要求较高，操作比顶杆法复杂，精确度提升明显。

表 3-5　两种热膨胀系数测试方法的对比

测 试 方 法	优 点	缺 点
顶杆法	原理简单、发展较成熟	测量值需校正，精确度有待提高
示差法	精确度高	操作较复杂、对样品要求高

由于高温储热材料还缺乏特定的相关测试标准，而高温储热材料与耐火材料的应用条件相似，所以在热膨胀系数的评价方法中，可以参考标准 GB/T 7320—2008《耐火材料　热膨胀试验方法》，以规定的升温速率将试样加热到指定温度范围的平均线膨胀系数，采用示差法进行测试并绘制出膨胀曲线。另外，在具体测试设备上，目前 NETZSCH、LINSEIS 等国外仪器厂商已经制造出技术成熟的热膨胀测试仪，测试操作简单，结果的精确度也较高，在国内外众多研究机构已有广泛应用，高温储热材料也可采用该类设备进行相关性能的测量。

小结

本小节对材料的热膨胀系数的评价方法及相关标准进行了对比，分析了不同评价方法的优缺点。在结合高温复合相变储热材料的特点的基础上，对适用于高温复合相变储热材料的热膨胀系数的评价方法进行了分析，认为示差法更适用于高温复合相变储热材料的热膨胀系数的测试评价，且目前已有较为先进的热膨胀测试仪可供测试使用，可以作为高温复合相变储热材料热膨胀系数的测试评价技术的参考。

3.2　高温力学性能的测试方法

材料的力学性能是指材料在不同环境（温度、介质、湿度）下，承受拉伸、压缩、弯曲、扭转、冲击、交变应力等各种外加载荷时所表现出的力学特征。储热材料在实际应用中需要承受自身和外界的多种载荷，为了确保材料在长期储能过程中的稳定性和可靠性，优良的材料力学性能就起到了至关重要的作用。材料具体到储热材料，在对其进行评价时主要考察材料在工作环境下表现出的力学特征，主要包括抗压强度、荷重软化温度、高温黏度等。

3.2.1 抗压强度

抗压强度指物体在外力施加时所能承受的强度极限，单位为 kg/cm^2，根据材料的应用条件，可分为常温抗压强度和高温抗压强度两种。

影响材料抗压强度的因素有内在和外在两种，内在因素有组成结构、结合键、原子特性等；而外在因素包括温度、应变速率、应力状态等。

3.2.1.1 已有抗压强度测试设备及方法

目前，关于抗压强度的测试方法及标准有很多，但相关测试标准主要集中于建筑类材料、陶瓷材料中，测试设备通常为一台压力试验机及相关数据采集控制系统。而在储热材料领域并未有针对其抗压强度的相关评价标准形成，考虑到高温复合相变储热材料较高的应用温度，可以应用温度同样较高的耐火材料作为参考，国标中有两种针对耐火材料抗压强度测试的国家标准，具体评价方法如下。

1. 常温抗压强度测试方法

标准 GB/T 5072—2008《耐火材料　常温耐压强度试验方法》中提出了一种测试抗压强度的方法，可适用于致密和隔热耐火材料常温抗压强度的测定。

（1）原理

在规定的条件下，对已知尺寸的试样以恒定的加压速率施加载荷直至破碎或者压缩到原来尺寸的 90%，记录最大载荷。根据试样所承受的最大载荷和平均受压截面积计算出常温抗压强度。

（2）设备和材料

抗压强度测试设备主要包括：机械式或液压式压力试验机，要求具备能够测定对试样施加压力的能力，示值误差在 ±2% 以内。试验机应能以规定的速率均匀施加应力，试验机的量程应确保施加于试样上的最大应力大于量程的 10%。

试验机压板应满足下列要求：

1) 洛氏硬度为 58~62HRC。

2) 与试样接触面的平整度误差为 0.003mm。

3) 表面粗糙度（平均粗糙度值 Ra）为 0.8~3.2μm（平均粗糙度参照平面研磨标准，用触摸法或肉眼观察法检测）。

试验机的两块压板都应经过研磨，其中上压板应装在球形座上，以补偿试样与压板平行度之间的微小偏差。下压板应刻有标记，以利于试样放置在压板中心。当试样的承载面尺寸（直径或边长）为 50mm 时，上压板的面积不应超过 $100cm^2$。对于上压板尺寸不能满足上述要求的试验机，可配合使用辅助的试样适配器，将其安装在试验机上下两块压板的中心位置。适配器压板应达到 1)~3) 规定的要求，厚度至少为 10mm。

注：压板应可更换，以便进行机械再加工，以确保其表面满足上述要求。

2. 高温抗压强度测试方法

标准 YB/T 2208—1998《耐火浇注料高温耐压强度试验方法》中提出了一种对耐火材料高温抗压强度的测试方法，可适用于高温复合相变储热材料的高温抗压强度测试。

（1）原理

以规定的升温速率加热试样到试验温度，保温至试样达到均匀的温度，以规定的加荷速率对试样施加荷载，直至试样破碎。

（2）仪器设备

1）加热系统：电加热炉为正方形竖式炉腔，其均温性在±10℃以内的装样区不小于 100mm×100mm×100mm。

2）加荷系统：试验机应具有足够破碎试样的能力，能以规定的加荷速率对试样均匀加荷，并记录或指示其试样破碎时的最大荷载，测力值误差在±2%以内。

（3）样品及试样

样品按 GB/T 17617 规定取样，并按 YB/T 5202 规定制取试样的形状尺寸：棱长为（50±0.5）mm 的正方体试样或直径为（50±0.5）mm、高为（50±0.5）mm 的圆柱体试样。

（4）测试步骤

1）试样干燥：试样应于（110±5）℃或允许的较高温度下，在电热干燥箱内鼓风干燥至恒量。

2）试样尺寸：测量准确到 0.1mm。

3）装样：将试样放入炉内均温区的压棒中心，整个加荷系统应垂直平稳地位于同轴线上，调整好测量装置和测温热电偶。

4）加热：试验温度应按产品技术要求规定或有关方面商定，按每分钟 8~10℃的升温速率均匀地加热，在到达试验温度后保温至试验结束。

5）加荷：对试样施加的载荷应准确到±2%以内，保温 1h 后，将试样置于压板中心压紧，以 [（0.3~0.5）±0.01] N/mm² · s⁻¹ 的加荷速率均匀地施压于试样，直至破碎。并记录其破碎时的最大荷载。

（5）结果计算处理

按如下公式计算高温抗压强度：

$$S = \frac{P}{A} \tag{3-17}$$

$$A = \frac{A_1 + A_2}{2} \qquad\qquad (3-18)$$

式中，S 为试样高温抗压强度，单位为 $N/mm^2(MPa)$；P 为试样破碎时的最大载荷，单位为 N；A 为试样的受压面积，单位为 mm^2；A_1、A_2 为试样上、下受压面的面积，单位为 mm^2。

3.2.1.2 高温复合相变储热材料抗压强度测定方法

材料在实际应用过程中难免会受到挤压、冲击等外力的作用，所以储热材料不但要在热物性上满足应用需求，还需要具备一定的抵抗外力破坏的能力。尤其对高温储热材料而言，其在高温应用环境下各项物理性能易发生显著变化，对强度的要求也更为苛刻。

抗压强度的测试方法及原理基本相同，主要是严格按照抗压强度的定义进行的。在规定的条件下，对已知尺寸的试样以恒定的加压速率施加载荷直至破碎或者压缩到原来尺寸的 90%，记录最大载荷。根据试样所承受的最大载荷和平均受压截面积即可计算出抗压强度。需要重点注意的是，考虑到储热材料较高的应用温度，储热材料在测试评价抗压强度时不仅要针对常温抗压强度，还要重点评价其在高温应用环境下的抗压强度。

目前，针对高温复合相变储热材料抗压强度的评价并没有具体的国家或国际标准可供参考。由于高温储热材料较高的应用温度，除常温下的抗压强度外，高温下的抗压强度性能测定显得更为重要。耐火材料的应用环境存在一定的相似性，因此其高温抗压强度的测试方法可对高温储热材料的抗压强度测试起到参考作用，具体的测试方法可参照标准 YB/T 2208—1998《耐火浇注料高温耐压强度试验方法》和标准 GB/T 5072—2008《耐火材料 常温耐压强度试验方法》的具体描述。

小结

本小节对当前抗压强度测试的标准方法进行了对比分析，针对目前高温复合相变储热材料抗压强度尚无对应测试标准的现状，根据材料的特性，给出了高温复合相变储热材料在测试评价抗压强度时可供参考的测试标准。通过调研分析，认为标准 YB/T 2208—1998《耐火浇注料 高温耐压强度试验方法》和标准 GB/T 5072—2008《耐火材料 常温耐压强度试验方法》可作为高温储热材料常、高温抗压强度的测试方法的参考。

3.2.2 荷重软化温度

荷重软化温度又称荷重变形温度，简称荷重软化点。用来表征材料在恒定荷重下，对高温和荷重同时起作用的抵抗能力，也能表征材料呈现明显塑性变形的软化温度范围，是材料在工程应用中一项重要的高温机械性能指标。

荷重软化温度主要取决于原料的化学组成、颗粒组成、结晶结构、晶相与玻璃相的比例、玻璃相黏度随温度升高而变化的情况以及测定时的升温速度等。

高温复合相变储热材料在相变储热的过程中相变储热介质会发生固液转变，因此整个过程中的塑性变化是不可避免的，通过对高温复合相变储热材料荷重软化温度的测试表征，可以有效地掌握材料在应用温度下的机械性能。因此，一种合理规范的荷重软化温度测试方法对于高温复合相变储热材料的实际应用具有重要的意义。

3.2.2.1　已有的测定设备及方法

目前我国主要有两种测试耐火材料荷重软化温度的方法：直接升温法和示差—升温法（简称示差法）。近年来，国际上耐火产品标准越来越多地采用示差法。

1. 直接升温法

直接升温法的原理是在恒定的荷重和升温速率下，试样受荷重和高温的共同作用产生变形，测定其规定变形程度的相应温度。直接升温法测试炉结构示意图如图 3-17 所示。

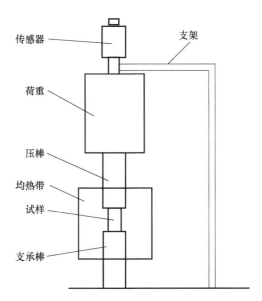

图 3-17　直接升温法测试炉结构示意图

从图 3-17 中可以看出，试样在加热过程中自动记录装置所记录的曲线是试样、支承棒与压棒以及试样的上下垫片和各部分结构件在持续升温条件下膨胀量的总和。为了避免测试设备不同而产生差异，直接升温法规定了各种砖类的升温速度和测试炉的整个变形测量系统，每 100℃膨胀量不得大于 0.2mm。

2. 示差—升温法

示差—升温法的原理是试样在规定的恒定荷载和升温速率下加热，直到其产生规定的压缩形变，然后再记录升温时试样的形变，测定在产生规定形变时的相应温度。示差—升温法测试炉结构示意图如图 3-18 所示。

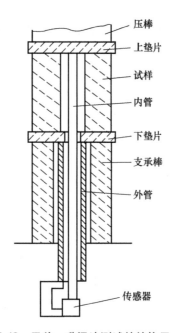

压棒

上垫片

试样

内管

下垫片

支承棒

外管

传感器

图 3-18　示差—升温法测试炉结构示意图

从图 3-18 中可以看出，由于内、外管的受热长度不同，根据内管在试样中心孔内的一段长度随温度变化的百分率绘出校正曲线，获得的试验结果即试样高度变化的百分率和温度的关系曲线（试样高度包括下垫片）。再对应于任何给定温度进行叠加就绘出了试样真实变形曲线（见 GB/T 5989—2008）。所以示差—升温法的试样变形曲线和所得结果才是试样真实变形过程和荷重软化温度[7]。

3.2.2.2　高温储热材料荷重软化温度的评价方法分析

目前，有关荷重软化温度的测试方法标准共有 15 项，且均为耐火材料相关的测试标准，其中直接升温法为 3 项，示差—升温法为 12 项。而对高温复合相变储热材料而言，目前尚未有特定测试其荷重软化温度的测试方法。表 3-6 为两种荷重软化温度测试方法的优缺点对比，由表 3-6 中分析可知，随着测试技术的不断发展，以及对数据精度要求的不断提高，示差—升温法精确度高、测试结果可靠的优点越来越明显，已有的测试标准中示差—升温法占据绝大多数也说明了这一点。

表 3-6　两种荷重软化温度测试方法的优缺点对比

测 试 方 法	优　　点	缺　　点
直接升温法	原理简单、测试简便	精确度无示差—升温法高
示差—升温法	精确度高	对样品及装置要求高

综上所述，考虑到高温复合相变储热材料与耐火材料应用条件的相似性，在进行荷重软化温度测试时参考耐火材料的相关测试标准是目前较为可行的方法，结合直接升温法和示差—升温法两种测试方法的优缺点对比分析，选择示差—升温法是适用于高温复合相变储热材料荷重软化温度的测试方法。

在中国耐火材料荷重软化温度的相关标准中，GB/T 5989—2008《耐火材料　荷重软化温度试验方法　示差升温法》是目前最新的测试标准，可作为高温储热材料测试的重点参考标准。具体介绍如下。

（1）加荷装置

加荷装置应能在整个试验过程中沿压棒、试样和支承棒的公共轴心线垂直施加压力，试样的形变通过压棒或支承棒中心的测量装置来测量。

压棒和支承棒的直径至少为 45mm，上、下垫片不小于试样的实际直径，采用与待测材料相匹配的耐火材料来制作。

试验炉应能在空气中按规定的升温速率加热，当炉温达到 500℃以上时，试样周围的温度应均匀，温差保持在 ±20K 以内，此外炉体的设计应能使整个压棒系统易于安放。

（2）测量装置

形变测量装置的灵敏度至少为 0.005mm，温度测量装置中的热电偶应由铂或铂铑丝组成，并能适用于最终试验温度，而且要定期校验热电偶的精度。

（3）试样

试样为中心带通孔的圆柱体，直径为（50±0.5）mm，高为（50±0.5）mm，中心通孔的直径为 12~13mm，并与圆柱体同轴。试样的上下端面应平整并相互平行，表面不应有肉眼可见的缺陷，试样任何两点的高度差不应超过 0.2mm。

（4）试验步骤

将试样放置于压棒和支承棒之间，并用垫片隔开，调整测量装置至合适的位置，并将其放入炉内。

按规定的升温速率升温，一般为 4.5~5.5K/min。致密定形耐火材料的温度超过 500℃时，可采用 10K/min 的升温速率。

在试验过程中，试样中心温度和测量装置的读数记录间隔时间不超过 5min，当达到最大膨胀点时，温度和变形的记录间隔为 15s。

按一定的升温速率继续加热，直到达到允许的最高温度或变形超过试样原始高度的 5%为止。

测量结束后，记录得到的最高温度即为该材料的荷重软化温度。

小结

荷重软化温度是固态储热材料在高温下重要的机械性能，是储热技术在工程应用中极为关键的性能指标。针对目前储热材料尚缺乏相应荷重软化温度标准测试方法的问题，本小节对应用温度类似的耐火材料的荷重软化温度测试方法和相关标准进行了调研分析，得到了适用于高温复合相变储热材料的荷重软化温度测定方法。

3.3 高温热稳定性的研究方法

高温热稳定性泛指材料的耐热性能，具体到不同学科与行业时其定义会有所不同。在建筑学等偏应用的领域中，具体指在周期性热作用下，物质抵抗温度波动的能力；在化学方面，热稳定性反映了物质在加热条件下发生化学反应的难易程度，体现为物质在受热过程中质量与成分的变化。

对于高温复合相变储热材料而言，高温热稳定性是指其在相变储热过程中经过反复储释热后，储热材料表现出的稳定性，是选择储热材料的重要考核标准。目前，该指标一般通过多次冷热循环试验，考察循环前后储热材料热物理性能的变化情况并进行评价，如相变温度、相变潜热、过冷度等[8]。物质的热稳定性越好，意味着可重复使用的次数越多；而且从经济性角度考虑，热稳定性好也意味着节约成本。因此，这项参数对于高温复合相变储热材料的实际工程应用有重大的意义。

材料的热稳定性与多种影响因素有关，以陶瓷材料为例，陶瓷的热稳定性取决于坯釉料的化学成分、矿物组成、相组成、显微结构、制备方法、成型条件及烧成制度等因素以及外界环境。一般材料的热稳定性与抗张强度成正比，与热膨胀系数成反比，而且导热系数、热容、密度也会在不同程度上影响材料的热稳定性。

针对本书中的高温复合相变储热材料，评价其热稳定性时主要考察两点：1）材料在高温下的化学稳定性，即是否容易发生化学反应；2）材料在高温冷热循环过程中自身热物性、力学性能等性质的稳定性。

3.3.1　已有设备和测试方法

国标 GB/T 13464—2008《物质热稳定性的热分析试验方法》中规定了用差热分析仪或差示扫描量热仪测量物质热稳定性的试验方法所用的仪器和材料、试样、试验步骤、试验结果、精确度、安全事项和局限性等。本标准适用于在一定压力下（包括常压）的惰性或反应性气氛中，在 −50～1500℃ 的温度范围内有熔变的固体、液体和浆状物质热稳定性的评价。对材料热稳定性的测试可通过对比试样在经过特定的高温热循环前后热物性、外观形态、质量损失、组成等变化，评价其热稳定性能。

在进行储热材料的热稳定性测试时，主要可通过热重分析法（TG）和等效热循环模拟测试方法来表征。

（1）热重分析法

热重分析法是稳定性分析的常用方法。热重分析法（亦称热重力分析或热重量分析）是在程序的控制下测定储热材料质量变化与温度关系的一种检测方法，记录曲线为 TG 曲线。测试时一般将热重分析法与差示扫描量热法（DSC）结合起来同时对材料进行检测。

热重分析仪具有性能稳定、使用灵活、可靠性高、适用范围广等优点，其主要由天平、加热炉、程序控温系统、记录系统等几个部分构成，热重分析仪的结构图如图 3-19 所示。用于量测样品材料在特定温度条件下的重量变化情形。其主要原理是将样品置于一个可控温式加热炉中，通入固定的环境气体下（如氮气），当温度高于样品中某一材料成分的稳定温度时，样品会由于蒸发、氧化等而造成重量损失，纪录样品随温度的重量变化，即可得到样品的热化学稳定性。

图 3-20 所示为 TG 曲线图。纵坐标为样品的重量，横坐标为温度或时间。图 3-20 中，AB 是 TG 曲线中的恒重部分，称为坪。B 点开始失重，B 点对应的温度为反应开始温度，到 C 点反应终止，C 点对应的温度为反应终止温度。两坪之间的距离表示所失重量。从 TG 曲线图中除了可以看出分解的起始和终止温度外，还可以看出试样和分解产物稳定存在的温度区间，并可根据所失重量推测反应产物。

采用配备差示扫描量热功能的设备可同步进行热重测试分析，可满足材料加热过程中的稳定性分析，也可用于分析各类储热材料加热过程中的热稳定性、分解、氧化还原、吸附解吸、游离水与结晶水含量等过程。此外，评价材料热稳定性时可能用到的仪器设备还包括高温冷热循环仪、差热分析仪（DTG）、X 射线衍射仪等，这些设备将从材料宏观质量与外观、热物性变化、材料组分等方面对材料的热稳定性进行表征。

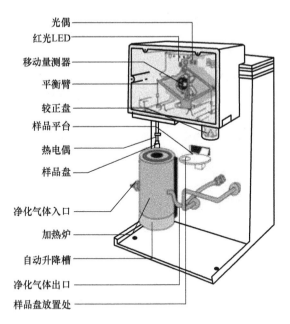

光偶
红光LED
移动量测器
平衡臂
较正盘
样品平台
热电偶
样品盘
净化气体入口
加热炉
自动升降槽
净化气体出口
样品盘放置处

图 3-19　热重分析仪的结构图

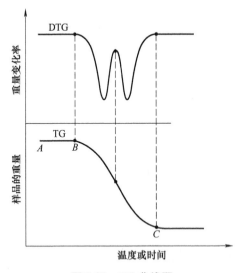

图 3-20　TG 曲线图

（2）等效热循环模拟测试方法

与选取微量样品进行热稳定性参数测试的方法不同，等效热循环模拟测试方法是指直接以储热模块或高温相变储热砖的形式对其进行热稳定性能的测试。等效热循环模拟测试的基本原理是将材料连续交替地加热和冷却，主要有两种方式：一种是金字塔式，即仅交替加热和冷却试样，不经过恒温过程，这是最常用的一种热循环方式；另一种是在升温和降温之前加入恒温阶段使试样保持稳定的动力学式。等效热循环模拟测试方法没有固定的检测方法，可根据试样的测试温度不同，设定循环起始温度和升温/降温速率，自由选择可控温式恒温室、恒温水浴或差示扫描量热仪、热循环仪等仪器进行试验。物质的热循环稳定性可通过测定样品循环前后的比热容、潜热、导热、物相稳定性、化学稳定性及形貌特征变化等来表征。

图 3-21 所示为材料热稳定性等效热循环模拟测试方法示意图。该类方法通常由高温区、低温区、可自由调节位置的样品台、精确的温度采集和控制单元等几部分组成。采用等效热循环模拟测试方法进行材料热稳定性测试的优点在于，在试验过程中可以从宏观上体现出材料随温度变化而呈现的性能变化，从而直观地观测到样品的热稳定性变化，将抽象的热物性数据变为了具体的外在变化。目前该类测试方法尚未有相关的测试标准可供参考，全球能源互联网研究院有限公司在自研高温复合相变储热材料的基础上，采用等效模拟材料使用温度环境的方式，自研了一种适用于高温复合相变储热材料热循环稳定性测试的高低温冷热循环分析装置。

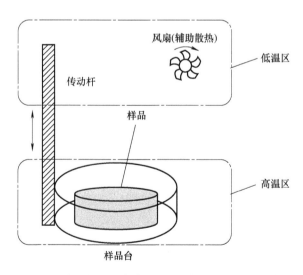

图 3-21　材料热稳定性等效热循环模拟测试方法示意图

图 3-22 所示为高低温冷热循环测试装置单元结构图，装置的主要技术特点及优势包括：1）可根据样品温度，自动调节样品状态；2）可实时跟踪记录样品温度/质量数据；3）配备图像采集设备，可识别与分析样品冷却状态；4）可

通气氛测试，冷热循环温度可急冷急热。

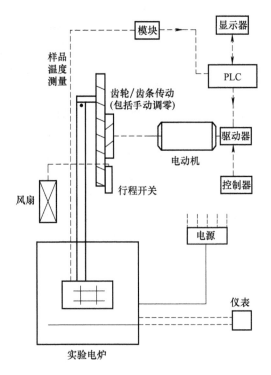

图 3-22　高低温冷热循环测试装置单元结构图

3.3.2　高温复合相变储热材料热稳定性的测定方法

从高温储热材料自身特点与实际应用温度的角度出发，该类材料的热稳定性分析主要可从以下几个方面进行评价[9]：

1）微量相变材料的 DSC 分析。利用相变材料多次热循环前后的 DSC 图像，通过比较分析熔融和结晶的起始、终止温度以及对应相变焓的变化，评定相变材料的热稳定性和劣化程度。

2）质量损失率曲线分析。将一定量的相变材料于相应温度下恒温加热一段时间后取出，冷却称量，用质量损失对时间作图即得到该温度下相变材料的质量损失率。进行多次循环实验，通过质量损失率曲线判定相变材料的劣化程度。

3）等效模拟热循环储放热分析。以温度对相变材料循环时间作图，得到相变材料的冷热循环曲线。通过在多次升降温的过程中样品是否保持外观形态和热物性能基本不变来衡量相变材料的稳定性及劣化程度。

4）持续高温和热循环前后的组成变化。测定相变材料在热循环前后的 X 射线衍射图（傅里叶红外光谱图），并比较它们的变化[10]。

国标 GB/T 13464—2008《物质热稳定性的热分析试验方法》给出了一种测量物质热稳定性参数的方法，本标准在用差示扫描量热法的基础上增加了差热分析仪测试化学品热稳定性的方法。表 3-7 所示为两种热稳定性测试方法的优缺点对比，等效热循环模拟测试方法虽然在精确度方面略有欠缺，但其具有测量方式灵活以及可以直观得到较大模块材料的宏观稳定性进行测试的优点，这对于相变储热材料在实际应用中呈现的热稳定性能的测试效果更有指导意义。而采用 TG、DSC、DTG 等稳定性分析法的方式虽然精确度较高，但微量样品经常很难代表材料宏观的稳定性能。

表 3-7　两种热稳定性测试方法的优缺点对比

测 试 方 法	优 点	缺 点
等效热循环模拟测试方法	测试方式灵活，可从宏观层面直观得到样品的热稳定性	无固定的检测方法及装置，精确度有待提升
稳定性分析法（TG、DSC、冷热循环、DTG、XRD 等）	性能稳定、使用灵活、可靠性高、适用范围广	测试样品属于微量，无法代表材料的宏观热稳定性

综上所述，在评价高温储热材料的热稳定性时，不仅要考虑测试方法的优劣，同样需要注意的是对材料宏观或微观性能的测试，如果单纯评价其在应用过程中的热稳定性，则采用等效热循环模拟测试方法更合适；如果需要研究其在高温下材料的微观变化与热物性能参数变化时，采用精确度更高的稳定性分析法更好。

小结

本小节对稳定性测试手段进行了分析研究，再结合储热材料特殊的应用条件，梳理总结了适合高温复合相变储热材料热稳定性的测试方法。对高温复合相变储热材料而言，评价其热稳定性时需从微观和宏观两个方面着手，等效热循环模拟测试方法更适用于材料在实际应用时宏观热稳定性性能评价，而 DSC、TG、DTG 等稳定分析法则对材料在其本征热物性能的测试更有效。针对本研究中的高温复合相变储热材料，研究者从实际应用性能角度出发，研发了专用的等效热循环模拟性能测试装置，对于高温复合相变储热材料在实际应用中的热稳定性测试具有重要的意义，是非常适用的热稳定性测试方法。

3.4 使用过程中对环境影响的研究方法

　　除材料的热物性能、力学性能和高温稳定性能等自身特性外，高温复合相变储热材料在使用过程中还会受到周围环境的影响而产生变化。储热材料易受环境影响的性能不但会对材料的储存、运输等产生影响，也会直接影响其在储热技术中的实际应用，因此，对于高温复合相变储热材料的环境适应性能的相关研究也是必不可少的。

3.4.1　耐候性

　　对于高温复合相变储热材料受周围环境影响而产生性能变化的特性，可统称为耐候性，具体指材料抵抗如光照、潮湿、风雨等外界条件并保持材料原有性能的能力，针对不同材料及不同使用环境时定义也有所不同。耐候性决定了储热材料在实际应用环境下的使用性能，针对储热材料的应用场景，储热材料的评价指标主要从耐潮湿、抗粉化、抗老化等方面入手。

　　液相储热材料在应用时通常会封装于特定的容器中，与外界环境接触的情况较少，而固相储热材料则往往会直接应用于实际环境中，故对高温储热材料耐候性的评价测试主要集中于固相材料上。

　　潮湿、风化和光暴露是引起材料老化的主要原因，特别是对于固相熔融盐相变储热材料来说，其防潮、抗粉化性能将直接决定材料的应用前景。材料出现吸潮返卤后，将严重地影响其使用效果和装饰质量，降低产品强度，缩短了储热装置的使用寿命，这种现象在长江以南的高温高湿地区尤为严重。本书研究的高温复合相变储热材料以水合共晶盐为相变储热介质，水合共晶盐易溶于水，同样也易受周围环境、湿度等的影响，因此，耐候性已经成为评价储热材料性能的关键指标之一，将对储热材料在储热系统中的实际应用产生直接的影响。

3.4.2　耐候性已有的测定方法

　　目前，在储热材料的耐候性评价方面并无相关具体测试标准可供参照，而关于耐候性测试的方法则主要集中于纺织品、外墙涂料、轮胎等行业。

　　在纺织品行业，影响产品耐候性能的因素主要包括光辐射、温度、氧气和水分等，关于纺织品耐老化性或者称为耐气候性的测试方法，国内外已经制订了一些标准，如 ISO 1419—1995，AATCC 111—2009，AATCC 186—2009 等，国内有FZ/T 01008—2008，FZ/T 75002—1993。这些测试方法可以归结为两类：一类是自然环境下直接进行老化试验，另一类是采用加热、加湿、光照等方式进行人工加速老化，目前主要以后者为主[11]。

在外墙涂料领域，考察其耐候性能时主要采用加速风化测试和氙弧测试等方法来进行。加速风化测试实验主要包括日光模拟、辐射照度控制、湿度模拟等内容[12]。

（1）加速风化测试

1）日光模拟：加速风化测试装置使用荧光灯再现了日光对耐用材料的损伤效果，这些荧光灯与普通照明使用的冷光白炽灯在电器原理上相似，但它主要生成紫外线而非可见光或者红外线。针对不同的光暴露应用，不同的灯有不同的光潜可提供最合理的对日光的模拟。

2）辐射照度控制：为了使测试结果精确、可复验，许多加速风化模型都配置有辐射照度控制系统。这种精确的光控制系统可随意选择不同的辐射强度，该系统装有反馈回路，可对辐射强度进行不间断的自动监测，辐射强度也可精确保持不变。控制器可对灯老化或者其他因灯电力调节引起的光强度变化进行自动补偿，荧光紫外线灯固有的光谱稳定性就使辐射照度控制变得非常简单。随着使用时间的增长，大部分的光源输出都会减弱但荧光灯却和其他类型的灯不同，它的光谱能量分布不会随时间推移而变化，这一特性增加了测试结果的可复验性，同时也是荧光灯的一个重要优势。

3）湿度模拟：通常暴露在室外的材料平均每天遇到潮湿环境的时间可能长达数小时，采用加速风化模拟测试的一个主要优点在于可通过温湿度箱进行最逼真的室外湿度模拟。该测试方法所重现的户外湿度远远优于其他方式，如喷水、浸泡等。除了标准的冷凝原理，加速风化测试装置还能够配制喷水系统以模拟其他环境条件造成的损害，比如热冲击或者机械腐蚀。

（2）氙弧测试

氙弧测试装置被认为是模拟全光潜阳光的最好方式，因为它可以生产紫外线、可见光和红外线。氙弧光谱的复杂性来自两个因素，即光过滤系统和灯的稳定性。氙弧必须经过过滤以降低不需要的辐射。有许多类型的玻璃过滤器都能够用来过滤不同的光谱，使用哪一种过滤器取决于测试的材料和材料的终端应用。尽管灯老化会造成光谱的变化，但氙弧仍然是一种可靠而又现实的用于抗风化力和光稳定测试的光源。许多氙弧测试装置都使用喷水或者湿度控制系统来模拟湿度对材料造成的影响。喷水控制系统的局限在于，当相对较冷的水喷到相对较热的测试样品上时，样品温度将降低，这样就会减缓降解。但喷水系统非常适用于模拟热冲击和腐蚀。由于湿度会影响某些室外产品的降解类型和降解率，建议在测试中控制相对湿度。

3.4.3 高温复合相变储热材料耐候性的测定方法

在评价一种材料的耐候性时，首先应从材料自身的特点和应用环境考虑。高温复合相变储热材料的功能和应用方式不同于纺织品和外墙涂料等材料，在高温复合相变储热材料中，由于承担相变储热介质作用的熔融盐组分在固态时对应用场景的温湿度较为敏感，因此其防潮与防风化的性能是该类材料耐候性能中极为重要的评价指标。参照外墙涂料的耐候性评价测试方法，在评价高温熔融盐储热材料的耐候性时，可通过湿度模拟实验进行防潮性能的评价测试，防风化性能则可采用加速风化的测试方法。以下为具体的测试方法。

（1）湿度模拟实验

湿度模拟实验采用温湿度箱模拟恒温恒湿的环境，通过湿度箱中设定的较高湿度环境再现潮湿环境对材料的损伤情况。

在进行湿度模拟实验前，先对试样的质量、外观尺寸、组成成分进行记录分析，然后将试样放入恒温恒湿的湿度箱中进行湿度环境模拟实验，每隔固定的时间取出进行记录，对比试样的质量、外观尺寸、组成成分随着时间的变化情况。

在表征评价物质的防潮性能时往往采用吸水率这一指标，吸水率是材料在特定环境下一段时间后吸附水的能力，具体指试样在湿度实验前后的质量差与试样原质量的比值。根据对我国北方集中供暖地区的温湿度调研数据，高温熔融盐储热材料的防潮性能在达到一定程度时才可认为该材料在防潮性能上符合标准。吸潮粉化与湿度评价参考表见表 3-8。

表 3-8 吸潮粉化与湿度评价参考表

湿度（%）	潮解粉化率（%）	合 格 天 数
80	≤10	5
70	≤8	12
60	≤5	30

（2）环境模拟实验（加速风化实验）

将试样放置于实际应用环境基本相同的模拟环境中，通过加热、加湿、光照等方式对环境进行人工加速老化，然后每隔一段时间对样品的外观及物理性能进行记录，对比分析试样随着时间的变化情况，表征分析其防风化性能。

小结

高温复合相变储热材料的耐候性对于高温储热装置的使用寿命至关重要，当前对该类材料耐候性的评价还缺乏相应的国家或国际标准。本节通过借鉴其他行业的测定方式，并结合对该材料的具体应用场景及性能特点进行分析，给出了与高温储热材料相适应的两种评测方法：湿度模拟实验和加速风化实验。

3.5　本章小结

本章针对目前储热材料的相关标准和评价技术的发展现状，进行了高温复合相变储热材料测试技术的适用性研究，通过对已有的储热材料性能的测试方法与技术的梳理分析，总结了目前储热材料测试及评价领域存在的不足与改进的方向，建立了适用于高温储热材料的测试方法与技术。研究分析认为，储热材料各个性能的测试技术发展状况差异较大，比热容、导热系数等测试技术已较为成熟，但热稳定性、化学稳定性等还有待发展，特别是本书所研究的高温复合相变储热材料在储热密度和抗老化循环性能方面的评测仍存在较大的空白。根据储热材料的分类及特性，对储热材料在应用过程中的主要评价指标进行了梳理和归类，高温储热材料测试技术适用性分析表见表 3-9。

表 3-9　高温储热材料测试技术适用性分析表

性　能	测试技术的发展现状	选择的技术
导热系数	已有相关测试标准	瞬态法
比热容	已有相关测试标准	差示扫描量热法
相变焓	差示扫描量热法测试标准	差示扫描量热法
热膨胀系数	已有相关测试标准	示差法
抗压强度	无针对储热材料的测试标准	可参照耐火材料测试标准，选择精确度高的压力测试机
荷重软化温度	无针对储热材料的测试标准	可参照耐火材料测试标准，采用示差—升温法
热稳定性	无具体标准	根据测试需要选择等效热循环模拟测试方法或稳定性分析法
耐候性	无具体标准	湿度模拟实验及加速风化实验

通过本章对高温复合相变储热材料性能测试技术的适用性研究，将为高温类储热材料的测试评价技术体系的建立提供支撑，为储热材料的快速发展提供必要的条件。

参 考 文 献

［1］ GURUPRASAD A, LIU L K, HUANG X, et al. Thermal energy storage materials and systems for solar energy applications ［J］. Renewable and Sustainable Energy Reviews, 2017, 68 (p1): 693-706.

［2］ 李爱菊, 王毅. 无机盐/陶瓷基复合蓄热材料高温稳定性的研究 ［J］. 材料导报, 2011, 25 (12): 78-81.

［3］ 任楠, 王涛, 吴玉庭, 等. 混合碳酸盐的 DSC 测量与比热容分析 ［J］. 化工学报, 2011, 62 (s1): 197-202.

［4］ 彭强, 魏小兰, 丁静, 等. 三元硝酸熔盐导热系数的计算 ［J］. 无机盐工业, 2009, 41 (02): 56-58.

［5］ 金属材料热膨胀特征参数的测定: GB/T 4339—2008 ［S］. 2008.

［6］ 彭强, 魏小兰, 丁静, 等. 三元硝酸熔盐高温粘度的计算 ［J］. 计算机与应用化学, 2009, 26 (04): 413-416.

［7］ 陈惠钊. 粘度测量 ［M］. 2 版. 北京: 中国计量出版社, 2003.

［8］ AHMED N, NINO D F, MOY V T. Measurement of solution viscosity by atomic force microscopy ［J］. Review of Scientific Instruments, 2001, 72 (06): 2731-2734.

［9］ BALASUBRAMANIAM K, SHAH V V, COSTLEY R D, et al. High temperature ultrasonic sensor for the simultaneous measurement of viscosity and temperature of melts ［J］. Review of Scientific Instruments, 1999, 70 (12): 4618-4623.

［10］ RHIM W K, OHSAKA K. Thermophysical properties measurement of molten silicon by high-temperature electrostatic levitator: density, volume expansion, specific heat capacity, emissivity, surface tension and viscosity ［J］. Journal of Crystal Growth, 2000, 208 (01): 313-321.

［11］ 葛山, 张元仙. 两种荷重软化温度检验方法测试结果的分析 ［J］. 耐火材料, 1996 (06): 348-350.

［12］ KHAN Z, KHAN Z, GHAFOOR A. A review of performance enhancement of PCM based latent heat storage system within the context of materials, thermal stability and compatibility ［J］. Energy Conversion and Management, 2016, 115: 132-158.

储热单元的设计与计算是固体电蓄热设备设计的核心环节，在考虑高温复合相变材料的传热特性的基础上，需要通过热力计算确定满足技术指标要求的结构参数。本章将根据电热元件与蓄热芯体的结构特点把储热单元分为分离型和嵌入型结构，然后将详细介绍储热单元的储热容量计算流程、常见的储热单元结构型式，并给出满足功率需求与表面负荷约束的电热元件选型设计方法与计算示例，以及应用于低压 380V 和高压 10kV 的蓄热体应用案例，最后将讨论蓄热模块放大设计的一般原则。

4.1　储热单元概述

储热技术是以储热材料为媒介，将光热、电制热、地热、工业余热、低品位废热等热能进行储存，并在需要时进行释放利用，力图解决热能供给与需求之间在时间、空间或强度上不匹配所带来的问题，最大限度地提高能源利用率而逐渐发展起来的一种技术[1]。储热技术依据储热原理分为显热储热技术、潜热储热技术和热化学储热技术[2]，显热储热技术具有储热规模大、寿命长、成本低、技术成熟度高等优点，是研究最早、利用最广泛、最成熟的技术；潜热储热技术具有储热密度高、放热过程温度近乎恒定的优点，是目前主要研究和应用的热点；热化学储热技术具有更大的能量储存密度可实现长期储存等优点，但仍处于实验室验证阶段。无论是哪种储热技术，储热单元皆是储热系统中最为关键的部件之一。比如，水蓄热系统中的承压储热罐、固体蓄热电锅炉中的蓄热体、低温相变材料组成的储热模块等。本章的重点在于广泛应用于固体蓄热装置中，以高温复合相变材料为储热介质的储热单元的设计与计算。

4.1.1　技术参数与指标

储热型电加热装置技术指标[3]通常包括蓄热温度、有效放热量、蓄热电功率、额定工作电压、蓄热方式等。以居民供暖应用为例，采用高温复合相变材料作为储热介质的储热型电加热装置，蓄热温度为720℃、蓄热电功率为500kW、有效放热量为4.0MWh、工作电压为380V，500kW/4MWh 相变蓄热电锅炉设计指标与参数见表4-1。

表 4-1　500kW/4MWh 相变蓄热电锅炉设计指标与参数

相变温度/℃	710	蓄热温度/℃	720
比热容/[J/(g·K)]	1.62（液态） 1.59（固态）	有效放热量/MWh	4.0
导热系数/[W/(m·K)]	2.4	蓄热电功率/kW	500
材料密度/(kg/m³)	2050	额定工作电压/V	380
相变焓/(J/g)	105.5	蓄热方式	复合式

4.1.2　总体方案设计

高温复合相变蓄热系统（简称蓄热电锅炉）采用复合基相变材料作为储热介质，利用低谷电或弃风电等电源制热，同时将热量储存在储热介质内。待需要热量时利用循环风机将低温空气与储热介质进行换热，升温后的空气再通过换热器将热量传递给供暖循环水，为用户供暖。蓄热电锅炉主要包括风机、电加热元件、高温蓄热体、换热器、冷却水路、控制与测量单元等，蓄热电锅炉的工作原理如图 4-1 所示。

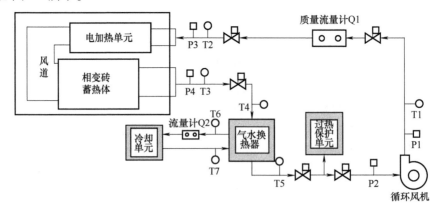

图 4-1　蓄热电锅炉的工作原理

蓄热电锅炉开始储热时，循环风机在变频调速电机的驱动下开始运行，驱动空气送入电加热单元。电加热单元的加热元件（如电热合金丝）将电能转化为热能，并传递给流经电加热元件的空气使之形成高温气流；高温气流通过蓄热体的风道结构，与蓄热体发生充分的热交换，将热能储存于蓄热体内。蓄热体外有隔热保温层，将蓄热体与外环境隔离，减少热量的损失，提高热量利用率。蓄热体释放热量时，加热元件停止工作，风机驱动空气进入蓄热体，通过蓄热体风道表面与储热材料发生热交换，加热后的空气随后进入换热器，与循环水再次发生热交换，将热能传递给循环水进而供暖。

蓄热装置内的运行方式基本可以分为三种：单纯储热、单纯释热、储热/释热混合。

1）单纯储热：热交换器与外界无热能交换，电加热单元按控制程序运行，蓄热体处于储存热能过程。

2）单纯释热：热交换器与外界有热能交换，电加热单元停止工作，循环风机按控制程序运行，蓄热体处于释放热能过程。

3）储热/释热混合：热交换器与外界有热能交换，循环风机和电加热单元均按照控制程序运行，电制热产生的热能部分储存于储热材料内部，部分传递给传热介质。

根据电加热元件与高温蓄热体之间是否直接接触，可将蓄热电锅炉分为嵌入型结构和分离型结构[4]，前者电加热元件位于蓄热介质内部，一般电热丝沿空气换热通道布置或者垂直于换热通道，两者直接接触，如图 4-2 所示；后者电加热元件与蓄热介质不直接接触，传热介质通过加热元件后升温，升温后的传热介质再与储热材料发生热交换，如图 4-3 所示。

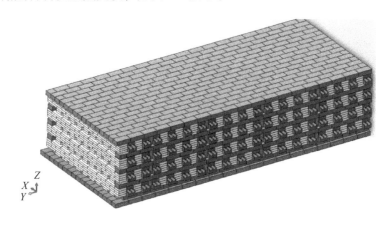

图 4-2　嵌入型蓄热体

图 4-3 分离型蓄热体

4.2 储热单元模块设计方法

4.2.1 储热容量计算

储热装置所需的储热容量，一般由取暖面积和对应供暖指标[5]决定。不同地区居民用户有不同的供暖指标需求，以东北地区为例，不同地区的供暖指标要求见表 4-2。

表 4-2 不同地区的供暖指标要求

城市	包头		赤峰		通辽		长春		松原	
供暖室外计算温度 /℃	-16.6		-16.2		-19		-21.1		-21.6	
供暖天数	164		161		166		169		170	
<+5℃平均温度 /℃	-5.1		-5		-6.7		-7.6		-8.4	
建筑类型	居民	办公	居民	办公	居民	办公	居民	办公	居民	办公
参考热指标 /(W/m²)	44.6	54.5	44.1	53.9	47.7	58.3	50.4	61.6	51.1	62.4
供暖单位电量 /(kWh/m²)	123	151	121	147	134	163	141	172	146	179

居民用户对于电采暖的其他统一需求主要有温度需求、采暖要求、采暖方

式、辅助能源等。

1）温度需求：普通住宅为 18~20℃。

2）采暖要求：a. 舒适为主；b. 升温快为主。

3）采暖方式：a. 散热器；b. 地暖；c. 散热器和地暖混装。

4）辅助能源：a. 太阳能系统；b. 空气源系统；c. 其他系统。

储热容量计算示例：

由于电供暖应用场景复杂多元，不同类型和用途的建筑对供暖需求也有差异。以某地居民建筑所需储热容量计算为例进行说明。某居民建筑的建筑面积为 3600m²，该地谷电时间为 8h（22:00~次日 6:00），全天 24h 供暖。按照取暖指标 45W/m² 计算蓄热电锅炉的储热容量。

供暖过程平均供暖功率：$3600m^2×45W/m^2 = 162000W = 162kW$

为充分利用该地区的谷电时间段，设计蓄热电锅炉电加热时间为 8h（与谷电时间段相同），考虑储热过程同时对外释热供暖，因此从能量平衡角度看，假设谷电加热 8h 所产生的热能全部用于全天 24h 的供暖需求。

全天 24h 供暖过程所需总热量为

$$Q = 162kW×24h = 3.888MWh$$

谷电加热时间按照 8h 计算，因此该蓄热电锅炉蓄热过程的理想电加热功率为

$$P = Q/t = 3.888MWh/8h = 486kW$$

蓄热电锅炉加热功率按照 500kW 设计。

假定夜晚 8h 的热量需求值与白天 16h 的热量需求比近似为 1:2，因此消耗的电能为 $500kW×8h = 4MWh$，夜晚储热的过程中电功率 500kW 的 1/3 用于晚间供热，其余能量储存于储热介质，因此蓄热电锅炉内蓄热体的有效蓄热量为

$$500kW×8h×2/3 ≈ 2.67MWh$$

以此计算所需储热材料质量。高温复合相变蓄热材料的物性参数为：固态时平均比热容为 1.59kJ/（kg·℃），发生相变后的平均比热容为 1.62kJ/（kg·℃），相变熔为 105.5kJ/kg，体积密度为 2050kg/m³，蓄热体的工作温度范围初步设定为：初始温度 200℃，最高温度 720℃。

根据初始条件，单位质量蓄热材料的储热容量可依据下列公式计算：

$$e = c_v\Delta T + \Delta H \tag{4-1}$$

将初始条件代入式（4-1），并分段计算有：

$$e_1 = 1.59×(710-200)kJ/kg = 810.9kJ/kg \tag{4-2}$$

$$e_2 = 1.62×(720-710)+105.5kJ/kg = 121.7kJ/kg \tag{4-3}$$

$$e = e_1 + e_2 = 810.9 + 121.7kJ/kg = 932.6kJ/kg \tag{4-4}$$

因此储热容量为 2.67MWh 的蓄热体所需相变储热材料为

$$总质量：M = \frac{2.67 \times 10^6 \times 3600}{932.6 \times 1000} \text{kg} = 10307 \text{kg} \tag{4-5}$$

$$总体积：V = (10307/2050) \text{m}^3 = 5.03 \text{m}^3 \tag{4-6}$$

实际由于结构设计的需求，总体积会随结构形式改变而与设计值略有不同。

4.2.2 储热单元结构设计

一般储热单元是由结构相同的相变蓄热砖按照一定的规律排列砌筑构成，标准相变砖和异型相变砖结构示意图如图4-4所示。

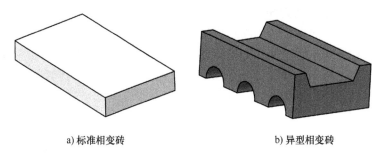

a) 标准相变砖   b) 异型相变砖

图4-4 相变砖结构示意图

根据蓄热砖的几何形状，蓄热芯体的结构宜采用方体结构形式，将蓄热砖交错放置形成换热通道。实际应用中蓄热砖可以水平放置或者竖直放置，根据实际应用场景设计所需的堆叠层数以及每层的面积大小，从而构成一个完整的储热单元模块。这样，在竖直放置每列砖块之间构成换热通道，以便储热时热空气流通加热砖块，放热时冷空气流通冷却砖块并带走热量。换热通道的结构示意图如图4-5所示。

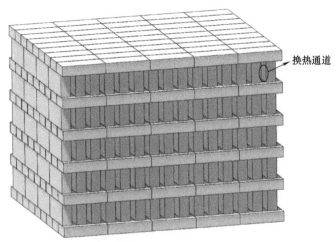

换热通道

图4-5 换热通道的结构示意图

换热通道的形状可以有多种选择，比如全部为直通道、全部为弓形通道或者两者结合，蓄热砖的总数量一定时，沿长度或宽度方向铺设不同数量的蓄热砖，蓄热芯体可以呈现多种多样的具体结构。本小节根据使用的蓄热砖数量，列出常见的蓄热芯体结构便于参考，下面就每种结构给出说明。

蓄热芯体结构 1：如图 4-6 所示，所有蓄热砖的长度方向与 X 轴平行，单层相变砖用量为 8 块（Y 轴方向）×10 块（X 轴方向），Z 轴方向共计 24 层，该结构所需的相变砖数量为 1920 块。每层砖的起始部分交错排列，沿 X 轴方向错开距离为 80mm，实现每层砖之间可以压缝排列。沿 Y 轴方向每列砖之间的距离为 15mm。整个蓄热体的轮廓尺寸为 2410mm×1129mm×792mm，换热通道数共计 180 个，单个换热通道的截面积为 15mm×33mm。

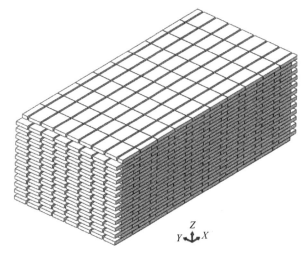

图 4-6　蓄热芯体结构 1

蓄热芯体结构 2：如图 4-7 所示，最底层的蓄热砖长度方向与 Y 轴平行，共排列 5 块，沿 X 轴方向为 13 列。由下向上第 2 层蓄热砖的长度方向沿 X 轴方向排列，共计 7 块（X 轴方向）×8 块（Y 轴方向）。每层砖的起始部分交错排列，错开距离为 40mm。沿 Y 轴方向每列砖之间的距离为 40mm。整个蓄热体共用砖为（5×13＋7×8）×16 块 = 1936 块，蓄热体的轮廓尺寸为 1684mm×1304mm×1056mm，换热通道数共计 112 个，单个换热通道的截面积为 40mm×33mm。

蓄热芯体结构 3：如图 4-8 所示，该结构与蓄热芯体结构 2 比较相似，不同点在于沿 X 轴方向和 Y 轴方向排列的蓄热砖数量不同，导致芯体结构 3 与芯体结构 2 的迎风面积不同。在蓄热芯体结构 3 中，最底层的蓄热砖长度方向与 X 轴平行，排列成 9×8 的形式，每列蓄热砖之间的间隔为 40mm，整个蓄热体内共计 13 层。由下向上第二层的排列形式为 17×5，整个蓄热体内共计 12 层。整个蓄热体共用砖为（9×8×13+17×5×12）块＝1956块，蓄热体的轮廓尺寸为2176mm×1304mm×825mm，换热通道数共计91个，单个换热通道的截面积为40mm×33mm。

图4-7　蓄热芯体结构2

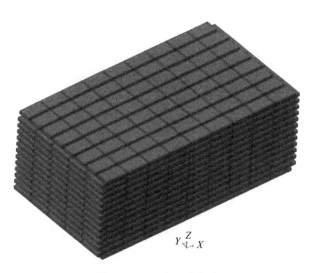

图4-8　蓄热芯体结构3

　　蓄热芯体结构4：如图4-9所示，该结构与蓄热芯体结构1相似，不同的是每层蓄热砖铺设过程中，构成空气换热通道的蓄热砖，相邻2块沿Y轴方向错开10mm的距离，这样形成的沿X轴方向的换热通道呈"弓形"形状。最底层的蓄热砖沿X轴方向共排列10块，沿Y轴方向共排列8块，每列砖的间隔为40mm。整个蓄热体的轮廓尺寸为2410mm×1324mm×792mm，换热通道数共计180个，单个换热通道的截面积为40mm×33mm。

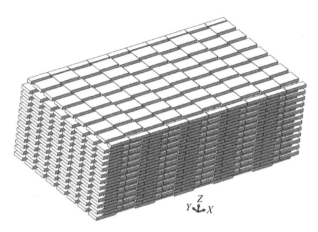

图 4-9　蓄热芯体结构 4

蓄热芯体结构 5：同时参考蓄热芯体结构 1 和蓄热芯体结构 4，所设计的换热通道同时包括直通道和弓形通道，如图 4-10 所示。蓄热体的前半部分为直通道，后半部分为弓形通道，该结构的最大优点在于加热过程中前半部分空气入口温度高，直通道的换热结构压降小，而热空气与相变砖之间温差大，换热系数较大；后半部分热空气的温度有所降低，但是弓形结构可以增加空气的湍流程度，有助于增加空气与相变砖之间的换热能力，最终可以减小蓄热芯体前后之间的温度不均衡。最底层的蓄热砖沿 X 轴方向共排列 10 块，沿 Y 轴方向共排列 8 块，每列砖的间隔为 40mm。整个蓄热体的轮廓尺寸为 2410mm×1324mm×792mm，换热通道数共计 180 个，单个换热通道的截面积为 40mm×33mm。

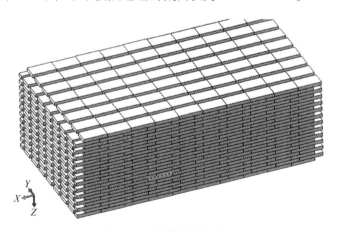

图 4-10　蓄热芯体结构 5

综合整理上述 5 种蓄热芯体结构，蓄热芯体结构的设计参数见表 4-3。

表 4-3 蓄热芯体结构的设计参数

参数	蓄热芯体结构类型				
	直通道 1	直通道 2	直通道 3	弓形通道	混合通道
换热通道孔数	180	112	91	180	180
相变砖块数	1920	1936	1956	1920	1920
整体尺寸 /mm	2410×1129×792	1684×1304×1056	2176×1304×825	2410×1324×792	2410×1324×792
迎风面积 /mm²	2410×1129	1684×1304	2176×1304	2410×1324	2410×1324
通道尺寸 /mm	40×33	40×33	40×33	40×33	40×33

　　以上所述的储热单元结构多用于分离型储热单元，此时电热元件与相变储热材料之间并不直接接触，实际应用中避免了多次循环后相变材料可能析出的碳酸盐对于电热元件的腐蚀。此外，应用异型相变砖形成的储热单元结构如图 4-11 所示，电热元件可布置于圆形通孔内，矩形孔作为空气换热通道，需特别注意电热元件的防腐蚀设计与绝缘设计。

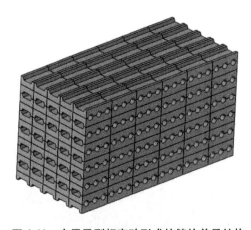

图 4-11 应用异型相变砖形成的储热单元结构

4.2.3 储热单元保温设计

　　储热单元构成的蓄热体储热过程的最高温度通常高于 500℃，必须设计安全合理的保温结构，减少蓄热体的漏热损失和避免操作人员高温危险。保温结构的作用是耐温和隔热，蓄热电锅炉常用的保温结构有：耐火砖结构和耐火陶瓷纤维结构，前者用于蓄热体底部的隔热和保温，后者多用于蓄热体侧面和顶部的隔热和保温。

（1）保温结构的基本要求[6,7]

为了起到隔热和保温效果，并且长期使用不损坏，保温结构的选材和结构应满足下列基本要求。需要特别注意的是，一般耐火隔热材料标准中都不给出使用温度或最高使用温度，而只给出用以分类或分级的温度，简称分类温度。用户选择蓄热体保温隔热材料时，应保证耐火隔热材料的分类温度高于蓄热体储热过程的最高温度。

1）外表面温度。

蓄热体保温结构外表面温度直接关系到蓄热体的散热损失和人员保护的安全问题。对于前者，外表面温度过高导致散热功率大，漏热量多，蓄热电锅炉的热效率降低；外表面温度过低，可提高蓄热电锅炉的热效率，但要求保温结构加厚，造成初始设备投资增加。对于后者，外表面温度应保证不造成人员烫伤。因此保温结构外表面温度的选取应按照既经济又合理的原则来确定。国家标准 GB/T 39288—2020《蓄热型电加热装置》[3]规定：蓄热型电热装置在最高工作温度时的外表面易接触部位最高温度不应高于 50℃。

2）高温面温度和材料工作温度。

与蓄热体储热材料外表面距离最近的保温隔热材料的内表面温度最高，为保证长期使用过程中隔热材料不会早期损坏，确保蓄热电锅炉具有足够长的使用寿命，同时考虑到计算偏差和操作波动因素，要求任何层次的耐火或隔热材料工作温度应高于该层的隔热材料高温面最高温度。参考管式加热炉[6]的设计，建议对于非纤维质材料工作温度较计算温度应至少高 165℃；对于耐火纤维应至少高 260℃。此外，对于无吸热面遮蔽的暴露砖墙表面材料工作温度应不低于 1430℃，对于有吸热面遮蔽的砖墙表面材料工作温度应不低于 1100℃。

3）锚固件顶部温度。

为保证衬里和耐火纤维在长期使用过程中的牢固性，所用锚固件的材质应根据其顶部的计算温度按照表 4-4 来选择。

表 4-4　锚固件材质

锚固件材质	锚固件最高温度/℃	锚固件材质	锚固件最高温度/℃
碳钢	427	Alloy601	1093
18Cr-9Ni(TP 304)	760	陶瓷钉和垫片	>1093
25Cr-20Ni(TP 310)	927		

4）耐磨、耐蚀和耐冲刷性能。

为保证蓄热体的底部保温结构和侧面保温结构的使用寿命，在一些特殊部分还要求耐火材料具有足够的耐压强度和抗冲刷的能力。特别是蓄热体空气出口腔体位置，流速较快的气流直接冲刷耐火纤维模块的表面。

① 炉底被脚踩的表层应使用耐压强度大于 3.45MPa 的衬里或 65mm 厚的耐火砖。

② 气体流速大于 12m/s 的部位不得使用耐火陶瓷纤维毡、毯和喷涂耐火陶瓷纤维结构。

（2）砌砖结构和耐火陶瓷纤维结构[6,7]

目前在石油化工管式炉的特殊部分仍然使用砌砖结构，例如大多数的圆筒炉侧墙采用分段承重的砌砖结构，总厚度为 200mm，耐火层为黏土质隔热耐火砖，厚度为 114mm；保温层为微孔硅酸钙板或其他轻质材料，厚度为 70～80mm；其余为施工间隙。近几年商业化应用的氧化镁砖蓄热电锅炉，底部支撑结构仅采用硅酸钙板和纤维毯的设备发生了支撑结构塌陷，造成蓄热设备故障。后续蓄热体底部隔热保温层采用多层耐火砖结构，通常采用轻质高铝砖砌筑，如图 4-12 所示。

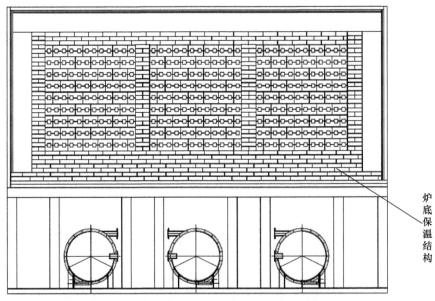

图 4-12 蓄热体底部隔热保温层砖砌筑示意图

耐火陶瓷纤维结构在国内是 20 世纪 70 年代研制和发展起来的，它有质地轻、可减轻钢结构载荷、导热系数小、炉衬薄而保温效果好、结构简单、施工方便等优点。耐火陶瓷纤维炉衬有折叠块（模块），喷涂纤维和纤维可塑料等结构形式，特别是后两种结构一般在高温部位都采用双层，向火面采用高铝纤维甚至

含锆纤维；背衬采用普铝纤维甚至岩棉。与
衬里结构类似，通过锚固钉固定在支撑钢板
上，结构简图与衬里类似。耐火陶瓷纤维模
块常用体积密度为 $96kg/m^3$ 和 $128kg/m^3$ 的
针刺毯折叠压缩捆扎而成，锚固件预埋在模
块中，并在安装时固定在壁面钢板上。固体
蓄热电锅炉保温结构常用的耐火陶瓷纤维模
块如图 4-13 所示。

（3）保温结构传热计算[6]

为了设计出合理的保温结构，必须进行

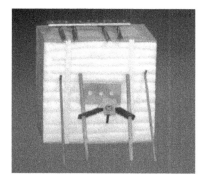

图 4-13　耐火陶瓷纤维模块

保温结构的传热计算，即计算通过保温结构的散热损失、外表面温度和各层材料
之间接触部位的温度。

热量通过保温结构向外传递的过程可以简单描述如下：蓄热体工作过程中蓄
热体的底面通过导热将热量传递给底部支撑结构，蓄热体的侧面和顶面通过辐射
和对流的方式传递给保温结构内壁，在保温结构内部以导热的方式自内壁传至外
壁。保温结构传热计算中，主要涉及保温结构内部的导热过程。

在进行保温结构传热计算时，根据实际应用情况做如下假设：

1）保温结构的导热是稳定的，即假定热流量不随时间变化。

2）保温结构的导热是一维的，即热量只沿等温面的法线方向传递。

3）各层材料的导热系数是常数，并等于每层材料两侧壁温的平均温度下的
导热系数。

4）各层保温材料之间的接触良好，忽略材料接触面之间的热阻。

根据傅里叶导热定律，对于厚度为 δ 且没有内热源的单层平壁，其两个表面
分别维持在均匀而恒定的温度 t_1、t_2，一维平壁导热如图 4-14 所示。
则稳定导热过程的热流量的计算公式[8]为

$$q = \frac{\lambda(t_1 - t_2)}{\delta} \tag{4-7}$$

式中，λ 为材料的导热系数。

对于多层平壁的稳定导热问题，例如，采用耐火层、保温砖层和普通砖层叠
合而成的锅炉炉墙就是典型的多层平壁，图 4-15 所示为三层平壁导热。

根据傅里叶导热定律很容易推导出，n 层平壁相邻两层之间的热流量计算公
式[8]为

$$q = \frac{(t_1 - t_{n+1})}{\sum_{i=1}^{n} \frac{\delta_i}{\lambda_i}} \tag{4-8}$$

式中，δ_i 和 λ_i 分别为第 i 层的厚度和导热系数。

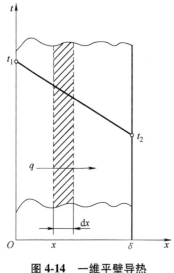

图 4-14 一维平壁导热

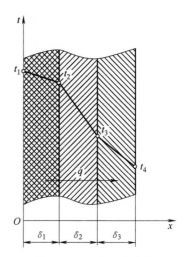

图 4-15 三层平壁导热

为了进行储热单元保温结构的传热计算，一般要求预先知道保温结构内壁的温度。在蓄热体容量计算时往往设定了蓄热体储热过程的平均最高温度，虽然实际运行中蓄热体不同位置间的温度分布有所不同，但是直接取保温结构内壁温度等于蓄热体储热最高温度，这样的设计是偏于安全的。

对于保温结构的外壁，其向大气的传热公式为

$$q = \alpha_n(t_{n+1} - t_a) \tag{4-9}$$

将式（4-9）改写为

$$t_{n+1} - t_a = q\frac{1}{\alpha_n} \tag{4-10}$$

将式（4-8）改写为

$$t_1 - t_{n+1} = q\sum_{i=1}^{n}\frac{\delta_i}{\lambda_i} \tag{4-11}$$

式（4-10）和式（4-11）相加，得

$$t_1 - t_a = q\left(\frac{1}{\alpha_n} + \sum_{i=1}^{n}\frac{\delta_i}{\lambda_i}\right) \tag{4-12}$$

于是

$$q = \frac{t_1 - t_a}{\left(\dfrac{1}{\alpha_n} + \sum\limits_{i=1}^{n}\dfrac{\delta_i}{\lambda_i}\right)} \tag{4-13}$$

令

$$K = \left(\frac{1}{\alpha_n} + \sum_{i=1}^{n} \frac{\delta_i}{\lambda_i} \right) \tag{4-14}$$

则

$$q = K(t_1 - t_a) \tag{4-15}$$

$$Q = qA = KA(t_1 - t_a) \tag{4-16}$$

式中，Q 为通过保温结构的散热量，单位为 W；q 为保温结构的散热强度，单位为 W/m²；A 为保温结构的外表面积，单位为 m²；K 为总传热系数，单位为 W/(m²·K)；t_1 为保温结构的内壁温度，单位为℃；t_{n+1} 为保温结构的外壁温度，单位为℃；t_a 为大气温度，单位为℃；α_n 为保温结构外壁对大气环境的传热系数，单位为 W/(m²·K)。

保温结构外壁对大气环境的传热系数 α_n 包括对流传热系数 α_{nC} 和辐射传热系数 α_{nR} 两部分，即

$$\alpha_n = \alpha_{nC} + \alpha_{nR} \tag{4-17}$$

其中辐射传热系数 α_{nR} 一般按下式计算：

$$\alpha_{nR} = \frac{4.9\varepsilon \left[\left(\frac{t_{n+1}+273}{100} \right)^4 - \left(\frac{t_a+273}{100} \right)^4 \right]}{t_{n+1} - t_a} \tag{4-18}$$

式中，ε 为保温结构外表面的黑度，对于一般喷涂深色油漆或被氧化了的钢板外表面，可取 $\varepsilon = 0.8$。

对流传热计算分为两种情况：无风时属于自然对流；有风时属于强迫对流。因此对流传热系数应按两种情况分别采用不同的公式。工程上为了简便通常采用下列经验公式：

$$\alpha_{nC} = B\xi \sqrt[4]{t_{n+1} - t_a} \tag{4-19}$$

式中，B 为与保温结构表面所处位置有关的系数，竖直散热表面（如侧壁）时，$B = 2.2$；散热面朝上（如炉顶）时，$B = 2.8$；散热面朝下（如炉底）时，$B = 1.4$。

ξ 为与风速有关的系数，即

$$\xi = \sqrt{\frac{u+0.348}{0.348}} \tag{4-20}$$

式中，u 为风速，单位为 m/s。

下面举例说明储热单元保温结构设计和传热计算的步骤，并就大气温度和风速对保温结构散热损失和外壁温度的影响进行讨论。

例 4-1：

已知：蓄热体的最高储热温度为 720℃，蓄热体侧壁保温结构依次为耐火陶瓷纤维模块、纤维背毯、钢板，厚度分别为 320mm、40mm、3mm，无风。

求：在大气温度分别为0℃、10℃、20℃、30℃时的保温结构外壁温度和散热损失。

解：大气温度变化而引起的保温结构热阻变化很小，可取作常数。

以大气温度20℃为例，保温结构内壁温度 t_1 取蓄热体的最高储热温度，然后假设保温结构外壁温度 $t_{n+1}=49.5℃$，定性温度 $t=0.5\times(t_1+t_{n+1})=384.75℃$

设耐火陶瓷纤维模块、纤维背毯、钢板在此定性温度下的导热系数分别是：$\lambda_1=0.153W/(m\cdot K)$，$\lambda_2=0.153W/(m\cdot K)$，$\lambda_3=27.0W/(m\cdot K)$

则三层保温结构材料的总热阻为

$$\sum_{i=1}^{n}\frac{\delta_i}{\lambda_i}=\left(\frac{0.320}{0.153}+\frac{0.04}{0.153}+\frac{0.003}{27.0}\right)(m^2\cdot K)/W=2.35305(m^2\cdot K)/W$$

保温结构外壁对大气辐射传热系数为

$$\alpha_{nR}=\frac{4.9\times0.8\times\left[\left(\frac{49.5+273}{100}\right)^4-\left(\frac{20+273}{100}\right)^4\right]}{49.5-20}W/(m^2\cdot K)=4.578W/(m^2\cdot K)$$

考虑无风、保温结构侧壁工况，对于竖直散热表面相关系数 $B=2.2$，保温结构外壁对大气的对流传热系数为

$$\alpha_{nC}=B\xi\sqrt[4]{t_{n+1}-t_a}=2.2\times1\times\sqrt[4]{49.4-20}W/(m^2\cdot K)=5.123W/(m^2\cdot K)$$

由此可知保温结构外壁对大气的综合传热系数为

$$\alpha_n=\alpha_{nC}+\alpha_{nR}=9.701W/(m^2\cdot K)$$

根据式（4-13）计算得到保温结构散热强度为

$$q=\frac{t_1-t_a}{\left(\frac{1}{\alpha_n}+\sum_{i=1}^{n}\frac{\delta_i}{\lambda_i}\right)}=\frac{720-20}{1/9.701+2.35305}W/m^2=285.0W/m^2$$

根据式（4-11）计算得到保温结构外壁温度为

$$t_{n+1}=t_1-q\sum_{i=1}^{n}\frac{\delta_i}{\lambda_i}=49.4℃$$

与假设结果相近，不再重算。

当大气温度为其他值时，重复上述计算步骤，结果见表4-5。

表4-5　例4-1的计算结果

$t_1/℃$	$t_a/℃$	$t_{n+1}/℃$	$q/(W/m^2)$
720	0	32.3	292.3
720	10	40.8	288.6
720	20	49.4	285.0
720	30	58.0	281.4

从这个例题可以看出，当保温结构内壁温度、保温材料及厚度一定的条件下，散热损失随着大气温度的降低而略有增加。由于增加的幅度很小，在进行蓄热电锅炉保温结构的传热计算时可忽略不计。保温结构外壁温度则随大气温度的升高而明显地上升。如果按照较高的大气温度设计保温结构厚度，同时要求较低的外壁温度，则必须要很厚的炉墙，使设计变得不经济。

例 4-2：

按照例 4-1 的已知条件，计算在风速 $u = (0、1、3、6、9) \text{m/s}$ 时的保温结构外壁温度、散热系数和散热强度，大气温度按 20℃ 考虑。

计算方法与上例相同，计算结果见表 4-6。

表 4-6　例 4-2 的计算结果

t_1/℃	t_a/℃	u/(m/s)	t_{n+1}/℃	q/(W/m²)
720	20	0	49.4	285.0
720	20	1	41.1	288.5
720	20	3	36.2	290.5
720	20	6	33.2	291.5
720	20	9	31.6	292.5

从这个例题可以看出，风速对外壁温度的影响十分明显，但是风速对散热强度的影响较小，从无风到风速为 9m/s，散热强度的增加仅为 2.6%，因此设计时按无风考虑比较合理，对保温结构外壁温度来说，是偏于安全的。

4.3　蓄热体的设计方案

4.3.1　电加热元件的设计计算

电阻式加热的蓄热体加热单元设计计算可参考高温电热炉的设计方法。在工业实践中电热转换一般使用电热合金，主要包括两大类[10]：一类是铁素体组织的铁铬铝电热合金，另一类是奥氏体组织的镍铬电热合金。这两类合金由于组织、结构等的不同，导致在性能上也不尽相同。

（1）铁铬铝电热合金的优点

1）在大气中使用温度高。

铁铬铝电热合金中的 HRE 电热合金最高使用温度可达 1400℃，而镍铬电热合金中的 Cr20Ni80 合金最高使用温度为 1200℃。

2）使用寿命长。

在大气中相同的较高使用温度下，铁铬铝元件的寿命约为镍铬元件的2~4倍。

3）表面负荷高。

由于铁铬铝电热合金允许使用温度高、寿命长，所以元件表面负荷也较高，对应合金材料用量较少。

4）抗氧化性能好。

铁铬铝电热合金表面生成的 Al_2O_3 氧化膜结构致密，与基体黏着性能好，不易因散落而造成污染。

5）比重小。

铁铬铝电热合金的比重较镍铬电热合金小，这意味着制作同等的元件使用铁铬铝比镍铬更省材料。

6）电阻率高。

铁铬铝电热合金的电阻率比镍铬电热合金高，设计电加热元件时可以选用较大规格的合金材料，有利于延长元件使用寿命，对于细合金加热丝尤为重要。选用规格相同的材料时，电阻率越高则越节省材料。

7）价格便宜。

铁铬铝由于不含较稀缺的镍，因此价格相对便宜。

（2）镍铬电热合金的优点

1）高温强度高。

镍铬电热合金由于高温强度比铁铬铝电热合金高，高温使用时不易变形，元件的布置选择余地大。

2）长期使用后期可塑性好。

镍铬电热合金长时间使用后冷却下来也不会变脆，因此发热元件使用比较可靠，损坏后易于维修。

3）发射率高。

充分氧化后的镍铬电热合金其辐射率比铁铬铝电热合金高，因此表面负荷相同时，镍铬电热合金元件的温度要比铁铬铝电热合金低一些。

4）无磁性。

镍铬电热合金无磁性（Cr15Ni60在低温下有弱磁性），这对于一些低温下使用的器具更为合适，而铁铬铝电热合金要在600℃以上才无磁性。

5）较好的耐腐蚀性。

镍铬电热合金一般比未经氧化的铁铬铝电热合金耐腐蚀。

一般常见的铁铬铝电热合金和镍铬电热合金的化学成分及基本性能见表4-7，在蓄热电锅炉设计中选择电热元件材料需综合价格、材料使用温度、电热丝表面负荷等因素，以 HRE 电热合金为例，该类材料在工业中的高温陶瓷烧成炉、高温热处理炉、高温扩散炉等得到广泛应用。

下面以某储热容量为 2.67MWh，电加热功率需求为 500kW 的蓄热体电热单元为例进行说明。

蓄热电锅炉的电加热功率需求为 500kW，电压采用 AC380V，三相之间采用 Y 型接法。该蓄热体结构沿空气流动方向共计 36 排加热孔，可均分为 12 组，单组需求的加热功率为 41.67kW。电热丝连接示意图如图 4-16 所示，铬铝合金和镍铬合金的化学成分及基本性能见表 4-7。

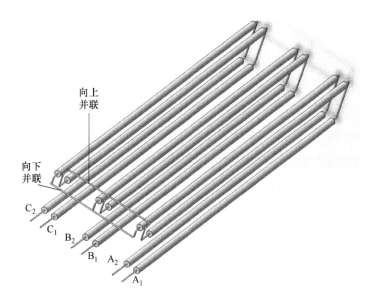

图 4-16　电热丝连接示意图

表 4-7　铁铬铝合金和镍铬合金的化学成分及基本性能

性能		合金								
		HRE	0Cr21Al6Nb	0Cr25Al5A	0Cr23Al5	0Cr19Al5	0Cr19Al3	1Cr13Al4	Cr20Ni80	Cr15Ni60
化学成分	Cr	24.0	21.0	25.0	23.0	19.0	19.0	13.0	20.0	15.0
	Al	6.0	6.0	5.3	5.0	5.0	3.0	4.0	—	—
	Fe	余	余	余	余	余	余	余	—	25.0
	Ni	—	—	—	—	—	—	—	余	余
最高使用温度/℃		1400	1350	1300	1250	1200	1100	950	1200	1150

（续）

性能		合金								
		HRE	0Cr21Al6Nb	0Cr25Al5A	0Cr23Al5	0Cr19Al5	0Cr19Al3	1Cr13Al4	Cr20Ni80	Cr15Ni60
电阻率 ρ_{20} /$(10^{-6}\Omega \cdot m)$		1.45	1.43	1.40	1.35	1.33	1.23	1.25	1.09	1.11
电阻温度修正系数 C_t	800℃	1.03	1.03	1.05	1.06	1.05	1.17	1.13	1.04	1.10
	1000℃	1.04	1.04	1.06	1.07	1.06	1.19	1.14	1.05	1.11
	1200℃	1.04	1.04	1.06	1.08	1.06	—	—	1.07	1.13
比重/(g/cm^3)		7.1	7.1	7.15	7.25	7.20	7.35	7.40	8.30	8.20
熔点（约）/℃		1500	1500	1500	1500	1500	1500	1450	1400	1400
延伸率（%）		16	16	16	16	16	16	16	25	25
磁性		有	有	有	有	有	有	有	无	弱

在电阻式蓄热电锅炉中广泛使用的螺旋型加热丝，其结构型式如图 4-17 所示，主要结构参数包括加热丝直径（丝径）、螺旋外径、螺旋节距、发热区长度等。一般情况下，螺旋型加热丝的节距 s、D/d 通常依据工程经验取值，通常节距 $s \geq 2d$，D/d 为 6~8。

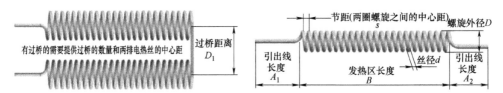

图 4-17　螺旋型加热丝的结构型式

电热丝型号选某 HRE 型电热合金丝，该 HRE 型电热丝在 20℃时的电阻率为 $1.45 \times 10^{-6}\Omega \cdot m$，随着温度的升高，材料的电阻率也随之变化，为了得到工作温度下该材料的电阻率，需要提前测试该材料的电阻率温度修正系数。查阅 HRE 型电热丝的物性表，不同温度下的温度修正系数 C_t 见表 4-8。

表 4-8　不同温度下的温度修正系数 C_t

温度/℃	20	200	400	600	800	1000	1100
温度修正系数 C_t	1.00	1.00	1.00	1.02	1.03	1.04	1.04

空气经过电加热单元后的最高温度约为 800℃，考虑电热丝表面温度与空气之间存在约 200℃ 的温差，因此电热丝的工作温度设计为 1000℃，此工作温度下的电阻率温度修正系数取 1.04。

初选电热丝的结构参数，包括丝径 d 为 3.5mm，节距 s 为 7.5mm，螺旋外径 D 为 30mm。参考蓄热体结构，电热丝的发热区长度设计为 1800mm。

为了得到电热丝的电阻值，首先计算螺旋型电热丝的展开长度。对每一个螺距宽度的电热丝进行展开，得到以 πD 和 s 为直角边的三角形，继而可以计算单圈螺旋型电热丝长度，即

$$l = \sqrt{(\pi D)^2 + s^2} \tag{4-21}$$

假设处于加热区的电热丝长度为 H，则单根螺旋型电热丝的总长度为

$$L = \frac{H}{s} l \tag{4-22}$$

将上述初步设计的电热丝几何参数带入式（4-21）和式（4-22），计算得到单根螺旋型电热丝总长度为 23.95m。

一般 U 型加热丝的过桥距离相对加热区电热丝长度的比例较小，可以忽略，因此 U 型加热丝的展开长度可以近似为 $2L$，即单个 U 型加热丝的展开长度约为 47.9m。

单个 U 型加热丝的电阻计算公式为

$$R = \frac{\rho L}{\pi d^2} \tag{4-23}$$

带入电热丝的相关参数可得 $R = 7.34\Omega$。

根据电路基本原理[9]，可知每相对应的加热电压为 220V。工业实际运行中三相电的电压基本上允许有 10% 的变化幅度，因此计算加热丝的加热功率时按照 400V 的设计电压，采用 Y 型连接方式时相电压约为 231V。

单个 U 型加热丝的两端电压为 231V 时，通过 U 型加热丝的电流为

$$I = U/R = 231\text{V}/7.34\Omega = 30.1\text{A}$$

因此单根 U 型加热丝的功率 $P = UI = 6.95$kW，对应的表面负荷为 1.38W/cm^2。

每 3 列加热孔对应 Y 型连接，因此 3 个 U 型加热丝的总功率为 6.95kW×3 = 20.85kW。根据蓄热体高度方向的加热层数，沿高度方向共布置 4 层加热层，从中间分为上下两个单元，上面的加热单元和下面的加热单元通过并联使用，加热丝串并联结构图如图 4-18 所示。

在加热单元设计中，上层的 3 根 U 型加热丝和下层加热单元对应的 3 根 U 型加热丝采用并联连接，构成一个加热组，每个加热组的功率为 20.85kW×2 =

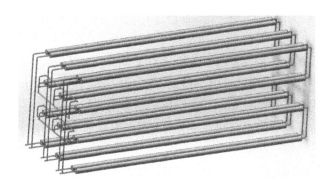

图 4-18 加热丝串并联结构图

41.7kW，整个蓄热体共计含有 12 个加热组，总加热功率为 41.7kW×12＝500.4kW，满足总加热功率为 500kW 的设计目标。

4.3.2 分离型/嵌入型蓄热体

1. 分离型蓄热体

分离型蓄热体的设计结构形式具有简单灵活、易于装配等特点，通过调整蓄热砖的位置来改变换热通道的大小，也可以通过调节局部换热通道尺寸，来减小或消除蓄热不均等现象，便于通过优化手段对蓄热体结构及换热通道参数进行设计，从而调节蓄热系统的部分性能。这种储热单元的最大特点是加热单元与储热单元在空间上是分开的，特别是针对高电压蓄热电锅炉系统设计时，可以大幅简化系统的绝缘方案。

分离型蓄热体换热通道主要由蓄热室内的前后空气腔、蓄热体内气流通道、进风口/出风口组成，这几部分的几何尺寸及位置均影响换热性能。

与换热器的传热流程相似，分离型储热单元也可分为单流程与双流程，典型结构分别如图 4-19a 和图 4-19b 所示。

2. 嵌入型蓄热体

嵌入型蓄热体主要指电加热单元本身与储热单元合二为一，电加热丝布置于储热单元预留孔内。根据电热丝与传热介质（通常为空气）是否直接接触，又可分为同向嵌入型蓄热体和垂直向嵌入型蓄热体。前者将电热丝布置于空气换热通道，便于储热过程空气与电热丝表面的直接换热；后者在空气换热通道的垂直方向设计有电热丝安装孔，通过减少与热空气的直接接触，有助于提高电热丝的使用寿命。嵌入型储热单元结构图如图 4-20 所示。

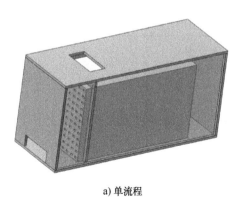

a) 单流程

气流出口气室
挡板
气流出口
气流入口
气流入口气室

保温层
中间气室
蓄热砖
换热通道

b) 双流程

图 4-19 分离型储热单元结构图

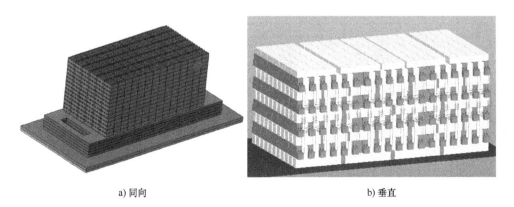

a) 同向

b) 垂直

图 4-20 嵌入型储热单元结构图

4.3.3 蓄热体应用案例

（1）低压储热单元案例

高温相变固体蓄热电锅炉系统以电源电压 380V，加热功率 500kW，日蓄热量 4MWh，换热功率 300kW 的设计要求为例，对蓄热体进行设计，结果见表 4-9。

表4-9 低压蓄热电锅炉蓄热体设计案例

	基 本 参 数	数值	基 本 参 数	数值
基本参数 计算	配电电压/V	380	加热时长/h	8
	电加热功率/kW	500	释热时长/h	16
	加热周期总蓄热量/kWh	4000	热水出口温度/℃	60
	冷水入口温度/℃	50	换热器额定功率/kW	300
蓄热体结构 设计计算	设计总蓄热量/kWh	4200	设计裕度	1.05
	蓄热砖加热初始平均温度/℃	150	相变温度/℃	710
	蓄热砖加热终止平均温度/℃	720	平均相变焓/（kJ/kg）	105.5
	蓄热砖单块体积/dm³	1.392	蓄热砖单块重量/kg	2.854
	单块蓄热砖蓄热量/kWh	0.802	蓄热砖块数	5236
	蓄热体长度/m	3.12	蓄热体宽度/m	2.03
	蓄热体高度/m	1.7	蓄热砖总重量/kg	14940

（2）高压储热单元案例

高压相变固体蓄热电锅炉系统以电源电压10kV，加热功率1000kW，日蓄热量10MWh，换热功率750kW的设计要求为例，对蓄热体进行设计，结果见表4-10。

表4-10 高压蓄热电锅炉蓄热体设计案例

	基 本 参 数	数值	基 本 参 数	数值
基本参数 计算	配电电压/V	10000	加热时长/h	10
	电加热功率/kW	1000	释热时长/h	24
	加热周期总蓄热量/kWh	10000	热水出口温度/℃	60
	冷水入口温度/℃	50	换热器额定功率/kW	750
蓄热体结构 设计计算	设计总蓄热量/kWh	10000	设计裕度	1.05
	蓄热砖加热初始平均温度/℃	150	相变温度/℃	710
	蓄热砖加热终止平均温度/℃	720	平均相变焓/（kJ/kg）	105.5
	蓄热砖单块体积/dm³	4.0	蓄热砖单块重量/kg	8.18
	单块蓄热砖蓄热量/kWh	0.802	蓄热砖块数	4560
	蓄热芯体数量	3	单蓄热芯体长度/m	3.8
	单蓄热芯体宽度/m	0.96	单蓄热芯体高度/m	1.8
	蓄热体高度/m	1.7	蓄热砖总重量/kg	37350

（续）

基 本 参 数	数值	基 本 参 数	数值
设计功率/kW	1000	三相电压/V	10000
单相根数/根	70	三相根数/根	210
单相电压/V	5774	单根电阻/Ω	5.6
单根功率/kW	4.85	加热丝螺距/mm	11.5
加热丝直径/mm	3.8	温度系数	1.04
螺旋外径/mm	47.8	加热丝表面负荷/（W/cm²）	0.9
加热丝电阻率/（Ω·mm²）	1.45	单根加热丝长度/m	45.2

（加热丝参数计算）

表4-9和表4-10完成固体电蓄热系统蓄热体结构的初步计算，包括蓄热砖数量、蓄热砖排列方式等，对一定排布方式下的蓄热量进行校核，确认满足设计要求。其中表4-9对应分离型蓄热体结构，表4-10对应嵌入型蓄热体结构。

4.3.4 蓄热模块放大设计

蓄热体的模块化设计一般包含两个层面，其一是构成蓄热体的储热材料设计为特殊的结构形式，通过对储热材料构型进行重复式的堆叠形成模块化储热单元；其二是对蓄热体整体的模块化设计，通常会形成储热单元串并联应用或用连续梯级利用结构。

对于第1个层面，通常将储热材料制作成安装时具有自动定位特点的储热模块[10]，以此为基础，将构成蓄热体的储热材料部分设计为叠层式结构，各层之间所形成的空间可用作布置电加热元件或用作储释热过程的换热通道。这种结构的基本特征包括底层模块、中间模块和顶层模块，其中中间模块一般为多层结构。中间模块由多个中层储热模块并排构成，每个中层储热模块上部具有纵向沟槽，位于纵向沟槽两侧的中部具有横向沟槽，可用于上下层储热模块之间的纵向定位，中层储热模块下部具有纵向凸台，用于上下层储热模块间的横向定位。模块化储热砖的结构如图4-21所示。

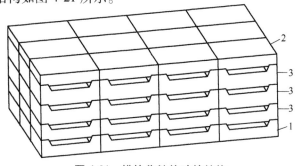

图4-21 模块化储热砖的结构

131

对于第 2 个层面，将蓄热体进行 MW 级或者更大规模的模块放大设计时，基本的设计思路分为三种：1）蓄热模块全部串联；2）蓄热模块全部并联；3）蓄热模块串联/并联组合。下面分别对三种设计思路进行介绍。

（1）蓄热模块全部串联

所有蓄热模块全部串联时（见图 4-22），热能沿着串联方向进行储存和释放，对热能进行了梯级利用，热能的利用率较高。以储热过程为例，沿着流体流动方向，蓄热模块温度逐渐降低，因此单元模块的储/释热功率在串联方向上也是依次降低的。

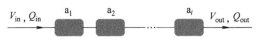

图 4-22 蓄热模块全部串联设计

（2）蓄热模块全部并联

与蓄热模块全部串联设计相比，全部并联设计时各并联分支中并没有对热能进行梯级利用，每个分支具有相同的入口温度，因此全部模块具有较高的储/释热功率。由于没有对热能进行充分利用，故蓄热体的储/释热功率较全部串联设计低。蓄热模块全部并联设计如图 4-23 所示。

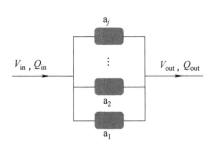

图 4-23 蓄热模块全部并联设计

（3）蓄热模块串联/并联组合

对比图 4-22 和图 4-23 不难发现，如果蓄热模块全部以串联或全部以并联方式进行大型储热系统设计时，很难兼顾热能利用效率和储/释热功率。为了保证储热系统具有合适的效率和储/释热功率，采取串联/并联组合方式（见图 4-24）成为一种合理的选择。

进行蓄热模块串联/并联组合设计时，以单元蓄热模块并联设计为基础，然后对每个分支再采取串联的方式对热能进行高效梯级利用。

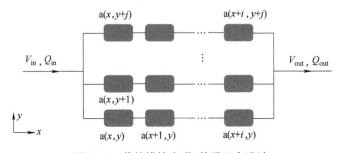

图 4-24 蓄热模块串联/并联组合设计

不过，除了考虑蓄热模块的效率和储/释热功率外，还需兼顾考虑其他的因素，比如系统所允许压降损失、系统占地、传热流体的额定流量，以及经济性等。

以蓄热模块为基础进行串联/并联组合开展蓄热体放大设计计算，经归纳总结需满足如下方程

$$\begin{cases} \phi_{\max} = \dfrac{W_{\text{system}}}{W_{\text{unit}}} \\[2mm] N_{\max} = \dfrac{Q_{\max}}{Q_{\text{in,unit}}} \\[2mm] S_{\max} = \dfrac{\phi_{\max}}{N_{\max}} \\[2mm] \Delta P = (\Delta P_{s1} \times \Delta P_{s2} \times \cdots \times \Delta P_{s\max}) \times N_{\max} < \Delta P_{\max} \\[2mm] \eta = (\eta_{s1} \times \eta_{s2} \times \cdots \times \eta_{s\max}) > \eta_{\min} \end{cases} \quad (4\text{-}24)$$

式中，$\phi_{\max}$ 为蓄热模块的总数量；$N_{\max}$ 为并联支路的个数；$S_{\max}$ 为各并联支路蓄热模块最大串联个数；ΔP 为蓄热体总压降；$\Delta P_{\max}$ 为蓄热体允许压降；η 为蓄热体总储/释热功率；$\eta_{\min}$ 为蓄热体额定储/释热功率。

根据蓄热模块的基本边界条件，完成 MW 级蓄热模块的放大设计，基本流程如图 4-25 所示。

蓄热模块串联/并联组合放大设计流程总结如下：

1）选择具有代表性的蓄热模块作为基础单元：选择有代表性的单元为放大基础，根据储热材料的结构尺寸、热物理特性、功率需求等确定储热单元模块。

2）单元模块结构优化：根据单元模块的流量、加热释热时间、功率响应等边界对单元模块进行结构优化。

3）串联/并联支路初步设计：根据系统总功率、风机流量以及压头等参数，对系统并联支路进行初设计，根据所需单元模块数量来确定每条并联支路上的串联单元模块数量，实现串联/并联支路初步设计。

4）兼顾系统储/释热功率和效率，完成串联/并联支路优化：通过数值模拟方法对不同并联支路和每条并联支路上不同的串联单元模块的总储/释热功率和效率进行交叉分析，寻找最佳的设计方案，保证所设计的串联/并联系统具有最佳的储/释热功率和效率。

示例：

某蓄热单元模块由高温复合相变砖组成，如图 4-26 所示，蓄热砖共计 66 块，分为 5 层，每层的蓄热砖分别为一层 12 块、二层 15 块、三层 12 块、四层 15 块、五层 12 块。其中第二层和第四层蓄热砖为竖直堆放，第一层、第三层和

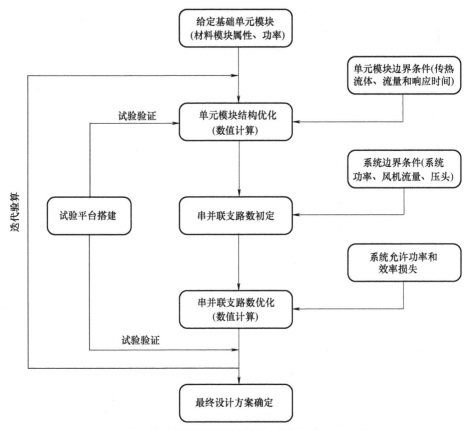

图 4-25　蓄热模块串联/并联组合放大设计基本流程

第五层蓄热砖平行堆放，蓄热单元模块的外观尺寸长×宽×高为 720mm×480mm× 389mm，中间四条传热流体通道为 40mm，侧边两条通道尺寸分别为 25mm 和 30mm。该蓄热单元模块的储热功率为 10kW，储热容量为 50kWh。

试通过串联/并联组合方式完成 MW 级蓄热模块的放大设计。

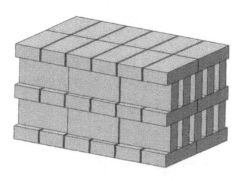

图 4-26　蓄热单元模块示意图

为了得到串联/并联组合设计下 MW 级蓄热模块功率/效率的拟合曲线，基于上述设计流程，首先，以蓄热单元模块为基础，开展单个支路上蓄热模块不同串联个数时的储热功率与储热效率变化情况，结果见表 4-11。

表 4-11　单个支路储热功率和储热效率与模块串联个数的关系

串联个数	储热功率/kW	储热效率（%）
1	13.5	29.9
2	12.1	58.2
3	10.9	75.6
4	9.9	83.5
5	9.1	87.4

由表 4-11 可知，对于储热功率随着串联单元模块数量的增加，其储热功率是近似线性降低，储热效率呈非线性增加，以单支路储热模块串联个数为自变量，对储热功率和储热效率进行拟合，结果如下

$$q = 6.9967 + 8.6443 \times e^{-n/3.5739} \qquad R^2 = 0.998 \qquad (4-25)$$
$$\eta = 95.694 - 115.58 \times e^{-n/1.7697} \qquad R^2 = 0.997 \qquad (4-26)$$

以 10kW 储热模块进行 1MW 蓄热体设计所需单元模块数为 100 个，因此蓄热系统所允许的最大并联支路为 11 条，不同并联支路数下，蓄热体所需的串联/并联组合以及蓄热体的储热功率和储热效率见表 4-12。

表 4-12　不同串联/并联组合设计下 MW 级系统总储热功率和储热效率

系统总设计功率/kW	并联支路数	每条并联支路上的串联数	储热功率/kW	储热效率（%）
1000	2	50	751.2	95.7
	3	33	792.3	95.7
	4	25	805.6	95.6
	5	20	832.4	95.6
	6	16	872.7	95.5
	7	14	869.8	95.2
	8	12	879.5	94.4
	9	11	924.1	93.3
	10	10	953.1	91.6
	11	9	965.9	88.4

与表 4-12 相对应，蓄热系统总储热功率和储热效率的变化趋势如图 4-27 所

示，两条曲线的交叉点即为平衡考虑系统总储热功率和效率的最佳串联/并联组合设计方案。所对应的并联支路为 9 条，每条并联支路串联单元模块数为 11 个，对应的系统总储热功率为 0.924MW，储热效率为 93.3%。

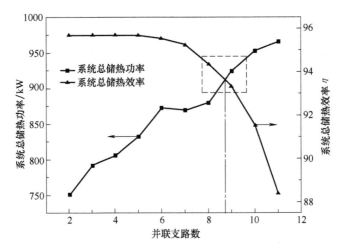

图 4-27　蓄热系统总储热功率和储热效率的变化趋势

基于以上分析，基于 10kW/50kWh 蓄热模块进行 MW 级蓄热系统设计时，串并联模块数的选择可参考表 4-13 所示的方案。当考虑储热效率优先时，并联支路与每条支路上串联模块数的比例应小于 9∶11；储热效率与储热功率平衡考虑时，并联支路与每条支路上串联模块数的比例应选取 9∶11；考虑储热功率优先时，并联支路与每条支路上串联模块数的比例应大于 9∶11。

表 4-13　MW 级蓄热系统串联/并联组合方案

适 用 条 件	并联支路/串联模块数
储热效率优先	<9∶11
储热效率与储热功率平衡考虑	9∶11
储热功率优先	>9∶11

4.4　本章小结

本章主要对固体电蓄热系统的高温复合相变储热单元的设计与计算方法进行阐述，对储热单元的技术参数与指标、总体方案及工作原理进行了介绍。针对储热单元模块详细介绍了分离型储热单元结构、嵌入型储热单元结构、储热单元保温设计方法，并给出了相关示例。然后给出蓄热体设计中电热元件的功率校核计算方法以及蓄热模块的放大设计原则，最后分别针对低压电源和高压电源给出了蓄热体应用案例。

参 考 文 献

［1］　凌浩恕，何京东，徐玉杰，等. 清洁供暖储热技术现状与趋势［J］. 储能科学与技术，2020，9（03）：861-868.

［2］　丁玉龙，来小康，陈海生. 储能技术及应用［M］. 北京：化学工业出版，2018.

［3］　中华人民共和国住房和城乡建设部. 蓄热型电加热装置：GB/T 39288—2020［S］. 2020.

［4］　杨岑玉，胡晓，李雅文，等. 流固耦合固体相变蓄热建模与分析方法［J］. 储能科学与技术，2019，8（03）：102-107.

［5］　民用建筑供暖通风与空气调节设计规范：GB 50736—2012［S］. 北京：中国建筑工业出版社，2012.

［6］　钱家麟，于遵宏，李文辉，等. 管式加热炉［M］. 2 版. 北京：中国石化出版社，2003.

［7］　石油化工管式炉炉衬设计规范：SH/T 3179-2016［S］. 北京：中国石化出版社，2016.

［8］　杨世铭，陶文铨. 传热学［M］. 4 版. 北京：高等教育出版社，2006.

［9］　秦曾煌. 电工学［M］. 7 版. 北京：高等教育出版社，2009.

［10］　廖滨. 模块化叠层式电热储能装置：204115229［P］，2015-01-21.

［11］　丁祖荣. 流体力学［M］. 2 版. 北京：高等教育出版社，2013.

［12］　王振东，宫元生. 电热合金应用手册［M］. 北京：冶金工业出版社，1997.

第5章

高温复合相变储热单元的数值仿真与分析

本章将首先描述固液相变问题的基本解法以及常见模型，从问题描述、数学模型、边界条件与初始条件、方程求解与结果分析等方面，针对高温相变储热单元开展二维和三维仿真模拟工作，最后将论述蓄热体实际应用案例。

5.1 固液相变问题的解法与常见模型

5.1.1 固液相变问题的解法

固液相变问题是涉及固液两相间融化或凝固的传热问题，为纪念德国科学家 J. Stefan 研究极地冰层的厚度问题又被称为斯特藩（Stefan）问题。相变传热过程是有移动边界的非线性过程，包括相变和导热两种物理过程，其具有以下特点：

1）两相之间存在一个移动界面或区域，把两个不同特性的区域分开。

2）相变界面上有相变潜热的释放或吸收，相界面位置 S 随时间而移动，即 $S = S(t)$。融解过程从区域的表面开始而推向其内部，相界面则随 x 轴的正方向移动，直到融解过程的终结为止。相界面可视为既是固相区，又是液相区的移动界，求解这个一维相变问题，即确定固相区与液相区的温度分布，必须将边界 $S(t)$ 的移动规律作为固液相区温度分布解的一部分予以确定。

3）非线性的移动相界面边界条件，由于相变界面是固、液相区域的移动边界，因此相界面上相变的发生和相变潜热的释放（或吸收）就决定了固、液两区域移动边界上的边界条件，如图 5-1 所示为一维问题相变界面示意图。无论是哪一类相变导热模型（移动界面或区域），当导热温度场越过相变区间时，物质都会吸收或放出大量的潜热，所以这类问题在数学上是一个强非线性问题，解的叠加原理不能使用，每种情况必须分别予以处理。

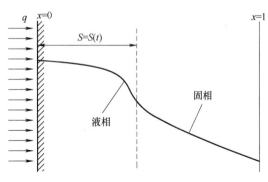

图 5-1　一维问题相变界面示意图

　　对于单组分物质的相变过程，固-液相界面明显，相变发生在单一温度下；对于多组分物质的相变过程，其固-液相界面不明显，相变温度在一个区间内。但是不论相界面是否明显，固-液相界面的位置随时间和空间不断变化，造成相界面无法确定，因此相变传热问题的求解过程必须把相界面作为解的一部分进行求解。

　　目前只有极少数简单情形下的相变问题能够得到解析解，存在精确解析解的情况主要集中在常物性、具有简单边界条件和初始条件的一维无限大和半无限大区域。实际的潜热储能装置中的相变传热问题多数是二维或三维的，再加上固-液相界面条件的非线性和物性变化以及不规则的外形容器使得封闭形式的分析解几乎不可能，因此，对多维相变问题主要靠数值分析求解。数值分析主要有以下几种具体的处理方法：

　　1）直接对原控制方程及其边界条件进行离散化，如固定步长法、变时间步长法。

　　2）将移动区域问题转化为固定区域问题求解，如等温面移动法、自变量变换法。

　　3）把分区求解的相变问题转化成整个区域上的非线性传热问题处理，如焓法和显热容法。

　　对于复杂几何的多维相变问题，数值解法是目前几乎唯一的可行方法。其基本思路是把原来在空间与时间坐标中连续的物理量的场，如速度场、温度场和浓度场等，用一系列有限离散点上的值的集合来代替，通过一定的原则建立起这些离散点上变量值之间关系的代数方程（称为离散方程），求解所建立起来的代数方程以获得所求解变量的近似值。物理问题数值求解的基本过程如图 5-2 所示。

　　目前，求解相变传热问题的数值方法主要有以下四种：有限元法（Finite Element Method，FEM）、有限差分法（Finite Difference Method，FDM）、有限分析法（Finite Analytical Method，FAM）和有限体积法（Finite Volume Method，FVM）。

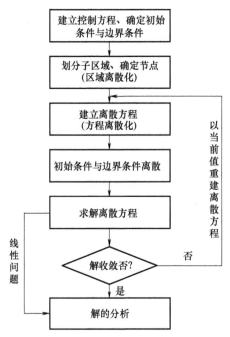

图 5-2　物理问题数值求解的基本过程

1）有限元法。这种方法与有限差分法在数值计算方面广泛应用，它是把求解区域分割成许多微小的控制单元，通过微小单元构造差值函数，最后把控制方程转换为有限元方程，各个微小单元的极值之和即是求解区域总体的极值，如图 5-3a 所示。此方法不仅利用差分法中的离散处理内核，同时使用逼近函数对求解区域进行积分。这种方法应用范围广泛，适用于条件比较复杂、椭圆形等问题。

2）有限差分法。这种方法是把求解区域分割成差分网格，求解域采用有限的网格点代替，差商表示偏微分方程的导数，进而推导出含有未知数的差分方程组，区域与节点的划分如图 5-3b 所示。这种数值方法直接把微分问题看成代数问题，存在的缺陷是对于椭圆形问题或者边界条件复杂的问题没有有限体积法和有限元法方便。

3）有限分析法。同有限差分法一致，用一系列网格将计算区域离散，所不同的是每一个节点与相邻的 4 个网格组成计算单元，即一个计算单元由一个中心节点和 8 个相邻点组成，区域与节点的划分如图 5-3c 所示。在计算单元中把控制方程中的非线性项局部线性化，并对该单元上未知函数的变化型线做出假设，把所选定型线表达式中的系数和常数项用单元边界节点上未知的变量值来表示，这样该单元内的被求解问题就转化为第一类边界条件下的一个定解问题，可以找出其分析解，然后利用这一分析解，得出单元中心点及边界上 8 个相邻点上未知值间的代数方程，此即为单元中心点的离散方程。

4）有限体积法。基本思想是把计算区域分割成许多网格，对每个网格节点周围的控制体积进行积分，得到离散方程组，其区域与节点的划分如图 5-3d 所示。对控制体积积分的过程，必须对网格节点上的因变量进行假设，这种方法就是有限体积的基本方法，局部近似离散法。

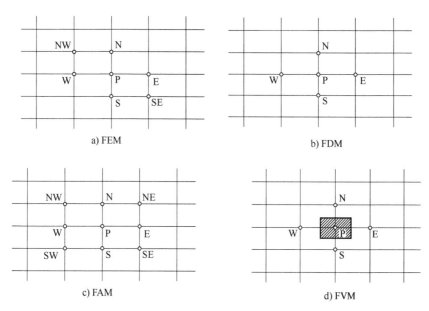

a) FEM　　　　　　　　　　　b) FDM

c) FAM　　　　　　　　　　　d) FVM

图 5-3　不同数值方法区域与节点的划分

对于固液相变导热问题的数值解法大体上可以分为两大类，一类是界面跟踪法，另一类是固定网格法。界面跟踪法的思想，是在每一个时间步长上都要精确确定固液两相界面的位置和温度分布，常见的方法包括固定步长法、变空间步长法、变时间步长法、自变量变换法、等温面移动法等。固定网格法又被称为弱数值解法，其思想是不再跟踪固液两相界面的位置，将包含不同相态的求解区域看作一个整体，较容易推广到多维、多界面的情况，包括显热容法和焓法。

以下将重点介绍显热容法模型和焓法模型。

5.1.2　显热容法模型数学描述

显热容法把物质的相变潜热看作是在一个很小的温度范围内有一个很大的显热容，从而把分区描述的相变问题转变为单一区域上的非线性导热问题，达到整体求解的目的。其缺点是当相变温度很窄时，如果时间步长稍大，计算过程就会越过相变区，导致忽略了相变潜热，可能造成计算结果失真。

相变分析必须考虑材料的潜在热量，将材料的潜在热量定义到材料的焓中。

材料的焓值随温度变化可以分为明显的 3 个区域，在固体温度（T_s）以下，物质为纯固体；在固体温度（T_s）和液体温度（T_1）之间，物质为相变区；在液体温度（T_1）以上，物质为纯液体。根据比热容和潜热，可以得到不同温度区间内的材料焓值，计算公式如下。

（1）在固体温度以下

$$H = \rho c_s (T - T_0) \qquad T < T_s \tag{5-1}$$

式中，c_s 为固体比热容；T_0 为基准温度。

（2）固体温度点

$$H = \rho c_s (T_s - T_0) \qquad T = T_s \tag{5-2}$$

式中，c_s 为固体比热容。

（3）固体温度与液体温度之间（相变温区）

$$H = H_s + \rho c^* (T - T_s) \qquad T_s < T < T_1 \tag{5-3}$$

$$c_{avg} = \frac{c_s + c_1}{2} \tag{5-4}$$

$$c^* = c_{avg} + \frac{L}{T_1 - T_s} \tag{5-5}$$

式中，c_1 为液体比热容；L 为潜热。

（4）液体温度点

$$H_1 = H_s + \rho c^* (T_1 - T_s) \qquad T = T_1 \tag{5-6}$$

（5）液体温度以上

$$H = H_1 + \rho c_1 (T - T_1) \qquad T > T_1 \tag{5-7}$$

根据加权余量法，可以导出相变传热过程温度场有限元方程，如下式所示

$$MT + KT = F \tag{5-8}$$

式中，M 为热容阵；K 为热传导阵；T 为节点温度向量；F 为等效右端项。

一般可以采用差分法求解式（5-8），差分格式为

$$KT_{t+\Delta t} = F_{t+\Delta t}$$

$$K = \theta K + \frac{1}{\Delta t} M$$

$$F_{t+\Delta t} = \left[-(1-\theta) K + \frac{1}{\Delta t} M \right] T_k + (1-\theta) F_k + \theta F_{k+1} \tag{5-9}$$

式中，$0 \leqslant \theta \leqslant 1$。

式（5-8）适用于单一相变温度和相变温度区间的传热问题。

研究发现，当相变温度为单一温度时，如果节点温度等于相变温度会导致等效热容发生奇异，因为此处的热焓是阶跃不连续的。当相变温度为某一很小的区间 $2\Delta T$ 时，热焓对温度的导数变化剧烈，也可能导致奇异现象。通常会减小时

间步长或者增大相变区间来减少奇异性，但是会导致计算量增加或者计算误差增大。对等效热容进行近似计算，是一种更为简单有效的方法（见图 5-4）。

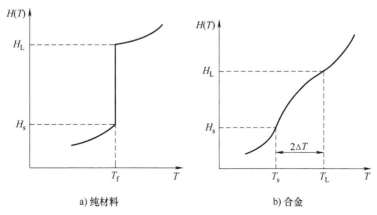

a) 纯材料　　　　　　　b) 合金

图 5-4　热焓与温度关系示意图

等效热容的近似计算方法有两大类：

第一类是基于空间域的平均近似，有以下几种：

$$c^* = \frac{\mathrm{d}H}{\mathrm{d}T} = \frac{1}{2}\left(\frac{\partial H / \partial x}{\partial T / \partial x} + \frac{\partial H / \partial y}{\partial T / \partial y} \right) \tag{5-10}$$

$$c^* = \frac{\mathrm{d}H}{\mathrm{d}T} = \left[\frac{\dfrac{\partial H}{\partial x} \times \dfrac{\partial T}{\partial x} + \dfrac{\partial H}{\partial y} \times \dfrac{\partial T}{\partial y}}{\left(\dfrac{\partial T}{\partial x}\right)^2 + \left(\dfrac{\partial T}{\partial y}\right)^2} \right] \tag{5-11}$$

$$c^* = \frac{\mathrm{d}H}{\mathrm{d}T} = \left[\frac{\left(\dfrac{\partial H}{\partial x}\right)^2 + \left(\dfrac{\partial H}{\partial y}\right)^2}{\left(\dfrac{\partial T}{\partial x}\right)^2 + \left(\dfrac{\partial T}{\partial y}\right)^2} \right]^{1/2} \tag{5-12}$$

第二类近似方法是基于温度的平均近似，即

$$c^* = \frac{H - H^{\mathrm{old}}}{T - T^{\mathrm{old}}} \tag{5-13}$$

研究表明，式（5-10）在某些情况会发生奇异现象，而式（5-11）~式（5-13）则不会发生奇异现象。对于融化/凝固问题的数值比较表明，式（5-12）和式（5-13）的精度较高。

对于相变单元的热传导阵和热容阵，可以采用温度插值的形函数计算单元的焓值和熵值。以平面四节点等参元为例，其焓值和熵值的计算公式如下

$$H^e = \sum_1^4 N_i(x, y) H_i(t) = N H^{\mathrm{T}} \tag{5-14}$$

$$S^e = \sum_1^4 N_i(x,y) S_i(t) = NS^T \qquad (5\text{-}15)$$

获得材料的瞬时温度分布后，根据热焓判据确定材料单元的相变状态。

对于单一物质：

$$\begin{cases} H^e \leqslant 0 & \text{无相变发生（固相）} \\ 0 < H^e < L & \text{发生相变} \\ H^e \geqslant L & \text{无相变发生（液相）} \end{cases} \qquad (5\text{-}16)$$

对于合金物质：

$$\begin{cases} H^e \leqslant 0 & \text{无相变发生（固相）} \\ 0 < H^e < c_1(T_1 - T_s) + L & \text{发生相变} \\ H^e \geqslant c_1(T_1 - T_s) + L & \text{无相变发生（液相）} \end{cases} \qquad (5\text{-}17)$$

当材料单元的相变状态确定后，据此可以计算相变界面的位置。假设材料单元内的温度线性变化，对于相变单元的任一边 $T_i T_j$，若 $(T_i - T_f)(T_j - T_f) < 0$，则 T_i 和 T_j 之间存在相变点，相变点的坐标为

$$\begin{cases} x_f = (f x_j + x_i)/(1 + f) \\ y_f = (f y_j + y_i)/(1 + f) \end{cases} \qquad (5\text{-}18)$$

式中，$f = (T_f - T_i)/(T_j - T_f)$，$i$ 和 j 是单元边的节点编号。

5.1.3 焓法模型数学描述

焓法模型模拟凝固/融化过程中的流动和传热问题，其基本思路是在相变过程中，把计算区域作为多孔介质，将热焓和温度一起作为待求函数在整个区域（固相、液相和两相界面）建立一个统一的能量方程，利用数值方法求出热焓分布，然后确定两相界面。计算区域的多孔性用液相体积分数来表示，融化过程相变材料由固态变成液态，液相分数增加，固态材料减少，多孔性逐渐从 0 增加到 1，凝固过程相反。焓法没有显热容法的缺点，具有方法简单、灵活方便、容易扩展到多维情况等优点，能够求解具有复杂边界条件以及非单调、多个界面的相变问题，但焓法也有不足之处，当网格划分较粗时，无法清晰地给出相变界面的位置，另外，模糊区的物性参数只按固液相的比例近似计算得到，存在一定的不确定性。

目前，焓法模型是模拟固液相变使用最多的模型之一。在凝固和融化模型中引入一个重要的概念，即液相率。液相率用温度来表示：

$$\beta = \begin{cases} = 0 & (T \leqslant T_s) \\ = \dfrac{T - T_s}{T_1 - T_s} & (T_s < T < T_1) \\ = 1 & (T \geqslant T_1) \end{cases} \qquad (5\text{-}19)$$

式中，当 $T_s = T_l$ 时，即相变材料的相变温度为固定值时，相变过程只有固相和液相；当 $0 < \beta < 1$ 时，相变材料存在模糊区，这个区域以固相线和液相线为界，液体所占的就是多孔部分。

相变材料在融化和凝固过程中，其能量方程可写为

$$\frac{\partial}{\partial t}(\rho H) + \nabla(\rho \vec{v} H) = \nabla(k \nabla T) + S_e \tag{5-20}$$

其中 $H = h + \Delta H$

$$h = h_{\text{ref}} + \int_{T_{\text{ref}}}^{T} c_p \mathrm{d}T \tag{5-21}$$

式中，H 为相变材料总焓值；ρ 为相变材料密度；S_e 为能量方程源项；h_{ref} 为参考比焓；T_{ref} 为参考温度；c_p 为比定压热容。

焓-多孔介质法是将模糊区看作多孔介质区，对于固相区，多孔率为 0，速度也为 0，但是模糊区多孔性的减少会导致动量损失，其可以表示为

$$S_i = A(\gamma) v + S_b \tag{5-22}$$

式中，$A(\gamma)$ 为多孔介质流动的 Carman-Kozeny 函数；S_b 表示浮力项，其处理方法是采用 Boussinesq 假定，除浮力项外所有项中的密度可认为恒定，浮力项中的密度随温度呈线性变化。

$$S_b = \rho \alpha g (T - T_{\text{ref}}) \tag{5-23}$$

式中，α 为相变材料的体积膨胀系数，单位为 K^{-1}；T_{ref} 为初始温度，单位为 K。

该模型无需直接求解最终相变过程中固液相界面的边界，能够处理复杂边界的多维固液相变问题，并且通过在动量方程中添加源相可处理固液相变过程中模糊区内的流动。但当网格划分较粗糙时，相变界面的位置无法清晰给出，另外模糊区的物性参数只能按固液相的比例近似计算得到，存在一定的不确定性。焓法模型适用于导热占据主导的固液相变场合，并且也适用于描述相变过程中考虑自然对流传热影响的场合。

5.2　高温复合相变储热单元的二维热分析

5.2.1　问题描述

某板式相变储热换热器的结构如图 5-5a 所示，其中，复合相变材料封装在交错平行平板之间，传热流体流经外面的平行流道，与内部的相变材料发生热交换，以达到热能储存和释放的目的。图 5-5b 和图 5-5c 分别为储热过程和释热过程相变换热器内部的气体流动路线示意图。储热过程中，传热流体由装置上方的

入口进入，经下部出口流出；释热过程传热流体的流向与储热过程相反，由下方进入，上方流出。

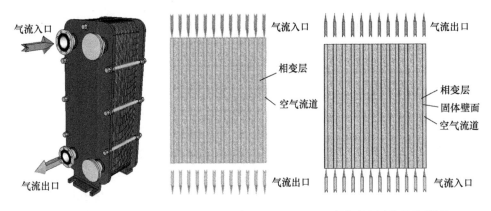

a) 换热器的结构示意图   b) 储热过程内部气体流动路线   c) 释热过程内部气体流动路线

图 5-5　板式相变储热换热器和储/释热过程内部气体流动路线模型

板式相变储热换热器的平板结构参数见表 5-1。换热器的总换热面积为 25.9m²，PCM 换热通道为 16 条，单条通道换热流体的截面积为 0.00202m²。试分析板式相变储热换热器的储/释热特性。

表 5-1　板式相变储热换热器的平板结构参数

设 计 参 数	数 　 值
空气流板间距/m	0.004
PCM 板间距/m	0.01
单板换热面积/m²	0.81
单通道换热流体截面积/m²	0.00202
单通道 PCM 截面积/m²	0.00505
PCM 所需通道数	16
换热面积/m²	25.9

5.2.2　数学模型

由于沿板式相变储热换热器的厚度方向传热与流动方向相比很小，其内部的储/释热区域可以简化为二维结构来进行模拟计算。在模拟计算过程中，取相变材料区域平均温度和传热流体出口温度为判定标准，即当相变材料区域平均温度与传热流体温度一致，或传热流体出口温度与进口温度一致时，则视为换热器内部相变材料完全融化或凝固，即热能储存和释放完全。

本小节使用焓模型模拟计算板式相变储热换热器内部的流动传热情况，即将相变区域看成多孔介质，根据孔隙率来判断材料所处的相态。计算区域的控制方程包括：

连续性方程：

$$\frac{\partial \rho}{\partial t} + \nabla \cdot (\rho \vec{v}) = 0 \tag{5-24}$$

动量方程：

$$\frac{\partial (\rho v)}{\partial t} + \nabla \cdot (\rho v_i \vec{v}) = \nabla \cdot (\mu \nabla v_i) - \frac{\partial p}{\partial x_i} + \rho g_i + S_i \tag{5-25}$$

能量方程：

$$\frac{\partial}{\partial t}(\rho H) + \nabla \cdot (\rho \vec{v} H) = \nabla \cdot (k \nabla T) + S_e \tag{5-26}$$

式中，H 为 PCM 的焓值；$\vec{v}$ 为 PCM 的液相速度；S_e 为能量方程源项；S_i 为动量方程源项；v_i 为 i 方向速度分量；p 为压强。

其中

$$H = h + \beta L \tag{5-27}$$

$$h = h_{ref} + \int_{T_{ref}}^{T} c_{pcm} \mathrm{d}T \tag{5-28}$$

式中，β 为液相分数；H 为相变材料总焓值；h_{ref} 为相变材料的参考焓值；T_{ref} 为参考温度。

由于 PCM 融化/凝固过程中的孔隙率变化，使得动量方程的源项随之变化。在模糊区动量的损失是由模糊区孔隙率的减小造成的，为了说明由于固相的存在造成的压降。模糊区的动量方程源项为

$$S_i = \frac{(1-\beta)^2}{(\beta^3 + \varepsilon)} A_m (\vec{v} - \vec{v}_p) \tag{5-29}$$

式中，ε 为小于 0.0001 的常数，避免分母等于 0；A_m 为模糊区常数，是阻尼振幅尺度的量度，该值越大，则 PCM 在凝固时材料速度减到零的速度梯度越大，该值太大会引起结果振荡；$\vec{v}_p$ 为随着融化的进行固相脱离模糊区的速度，即牵引速度。

湍流模型采用标准 k-ε 湍流模型，模糊区和凝固区的湍流方程（k 方程和 ε 方程）都要加源项，用来解释凝固区孔隙率的减小，该湍流源项表达式为

$$S_t = \frac{(1-\beta)^2}{(\beta^3 + \varepsilon)} A_m \Omega \tag{5-30}$$

式中，Ω 为湍流方程中的湍流参数。

板式相变储热换热器内部的相变材料为基于陶瓷基体制备的复合熔融盐材料，在复合材料的制备过程中，陶瓷基体被烧结形成致密的多孔介质，熔融盐和

导热增强材料填充在空隙中。对于这种复合材料内部的传热过程，一般认为是一种微孔介质传热。但是这种微孔介质内部的传热是一种十分复杂的物理过程，往往伴随着颗粒间的热传导、微孔间的自然对流及热辐射。然而，由于微孔所占材料体积比较小，在分析复合材料内部的传热情况时，发生在微孔里面的自然对流和热辐射可以忽略，仅仅只考虑颗粒间的热传导。因此对于复合材料的有效导热系数，采用 Zehner-Schlunder's 导热系数计算模型，表达式为

$$\frac{k_{\text{eff}}}{k_{\text{m}}} = 1-\sqrt{1-\varphi}+\frac{2\sqrt{1-\varphi}}{1-\lambda B}\left[\frac{(1-\lambda)B}{(1-\lambda B)^2}\ln\frac{1}{\lambda B}-\frac{B+1}{2}-\frac{B-1}{1-\lambda B}\right] \tag{5-31}$$

其中

$$B = c\left(\frac{1-\varphi}{\varphi}\right)^m \tag{5-32}$$

式中，B 为材料的形状系数；φ 为孔隙率；m 和 c 为常数，分别取 $10/9$ 和 1.25；$\lambda = k_{\text{m}}/k_{\text{s}}$，$k_{\text{s}}$ 为陶瓷材料的导热系数；k_{m} 为相变材料和导热增强材料的混合导热系数，由 Maxwell 导热系数模型计算。

$$\frac{k_{\text{m}}}{k_{\text{pcm}}} = \frac{k_{\text{e}}+2k_{\text{pcm}}-2\varepsilon(k_{\text{pcm}}-k_{\text{e}})}{k_{\text{e}}+2k_{\text{pcm}}+\varepsilon(k_{\text{pcm}}-k_{\text{e}})} \tag{5-33}$$

式中，k_{pcm} 和 k_{e} 分别为相变材料和导热系数提高材料的导热系数；ε 为导热系数提高材料占混合材料的体积比率。

对于相变材料和导热增强材料的混合材料，其他热物理参数可表示为

混合密度：

$$\rho_{\text{m}} = (1-\varepsilon)\rho_{\text{pcm}}+\varepsilon\rho_{\text{e}} \tag{5-34}$$

混合比热容：

$$\rho_{\text{m}}c_{\text{m}} = (1-\varepsilon)\rho_{\text{pcm}}c_{\text{pcm}}+\varepsilon\rho_{\text{e}}c_{\text{e}} \tag{5-35}$$

式中，ρ_{m} 和 c_{m} 分别为相变材料和导热增强材料构成混合材料的密度和比热容；ρ_{e} 为导热增强材料的密度；c_{e} 为导热增强材料的比热容。

5.2.3　边界条件与初始条件

板式相变储热换热器内 PCM 换热通道为 16 条，模拟过程中计算区域简化为二维对称区域，所以只需要构建 8 条 PCM 换热通道。计算区域考虑了装置内部封装钢板厚度的影响，计算区域全部采用四边形网格，经网格无关性检验最终确定网格数为 219600，节点数为 260551，高温储热装置内部计算区域网格示意图如图 5-6 所示。

数值仿真中计算区域对应的模型设定为非稳态、层流/湍流、固/液相变模型。进口采用速度边界条件，出口采用压力出口边界条件，外壁采用绝热壁面边界条件。

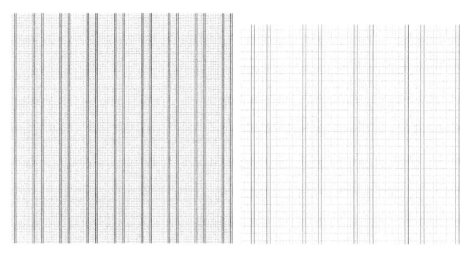

a) 总体网格　　　　　　　　　　　　b) 网格局部放大

图 5-6　高温储热装置内部计算区域网格示意图

对于储热过程，PCM 的初始温度设定为 683K，传热流体进口温度设定为 790K；对于释热过程，PCM 的初始温度设定为 790K，传热流体进口温度设定为 683K。

对模型同时做如下假设：

1）考虑到各空气流道均匀平行布置，假设传热流体进气口速度均匀。

2）考虑到复合材料相变温度的实际测试结果为一个很小的范围，为了计算方便，假定材料相变温度为固定值。

3）考虑到模拟计算温度范围内 PCM 的固液两相的比热容、导热系数、密度变化均很小，假定其为常数，不随温度发生变化，且各向同性。

4）考虑到相变换热器外设置有保温层，其两端假设为绝热条件。

对模型储热和释热过程设置参数见表 5-2。

表 5-2　对模型储热和释热过程设置参数

设 置 参 数	储 热 过 程	释 热 过 程
传热流体速率/（m/s）	10~23	10~23
相变材料初始温度/K	683	790
传热流体入口温度/K	790	683

5.2.4　方程求解与结果分析

采用商业软件 ANSYS Fluent 2020R1 对计算区域内的流动与换热过程进行模拟。为了求解动量和能量方程，采用幂律格式和压力-速度耦合的 SIMPLE 方法。压力修正方程采用 PRESTO 格式。所有求解变量的归一化残差的收敛准则设定为 10^{-6}。

本小节将对二维相变储热单元的储/释热性能进行分析，重点研究储/释热过程相变换热器内部的温度分布，流速对温度分布、传热速率的影响，储/释热量及储/释热速率。

5.2.4.1 二维单元温度分布

图 5-7 所示为储热过程板式相变换热器不同位置不同时刻的温度分布云图。从图 5-7 中可以看出，随着储热时间的推移，相变材料是逐级沿着传热流体流动方向融化的。当储热时间为 30s 时，入口段相变材料侧的温度分布呈较尖锐的上凸分布，随着储热过程的推进，其温度逐渐随着传热流体流动方向趋于平缓。

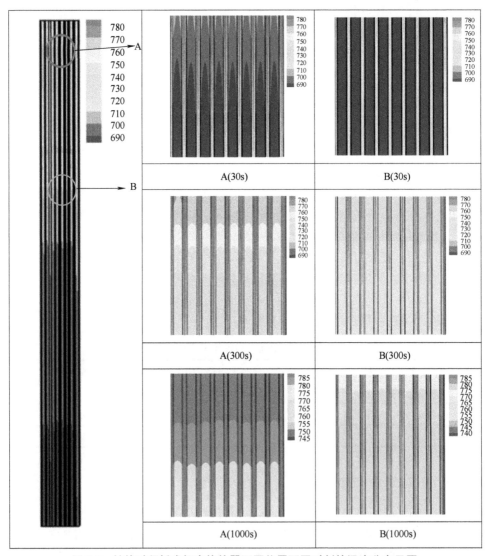

图 5-7　储热过程板式相变换热器不同位置不同时刻的温度分布云图

分析上述温度分布的原因，主要包括两个方面：一是储热初期阶段，相变材料与传热流体之间的温差较大，其传热速率也相对较快；二是由于板式换热器结构的特殊性，相变材料传热区域的横径比达到 1/160，相变材料通道的横径比较大，相变材料区域横向的传热速率要大于径向的传热速率。随着储热过程的进行，相变材料区域的横向温度进一步升高，和传热流体的温差逐渐缩小，其内部温差主要存在于计算区域的径向，相变材料侧径向的传热会随储热过程的进行而加强，温度分布随后也逐渐趋于平滑。

从储热 300s 和储热 1000s 时刻入口处的温度分布可以明显看出，储热过程后段，装置内部的总传热速率慢慢减弱，相变材料侧的温度最后和传热流体温度趋于一致，完成整个储热过程。

图 5-8 所示为释热过程板式相变换热器不同位置不同时刻的温度分布云图，传热流体速度为 19m/s。由图 5-8 可知，相变材料侧的横向释热速率要高于径向的释热速率，在释热初期，内部的温度呈下凹型分布；随着释热过程的推进，横向温差逐渐缩小，计算区域内温度传递主要存在于径向方向。

5.2.4.2　流速对温度分布的影响

图 5-9 和图 5-10 所示分别为储热过程不同流速下相变材料侧的平均温度及传热流体出口温度随时间的变化曲线。仿真中当相变材料侧的平均温度与传热流体进口温度一致，或传热流体出口温度与进口温度一致时，判定板式相变换热器储热完全。

由图 5-9 可知，在传热流体流速分析范围内，储热过程初期时的相变材料侧平均温度增加速率要大于储热后期，这与之前的分析一致。由于储热初期阶段，相变换热器内部的温差较大，对应的传热速率也较大；储热过程后期，随着相变材料温度的增加，其与传热流体间的温差逐渐缩小，此时内部传热速率随之逐渐减弱，对应地，相变材料的平均温度在储热初期阶段的增加速率大于储热后期阶段。此外，装置内部相变材料平均温度的增加速率是随着传热流体进口速度的增加而增加的。当传热流体流速为 23m/s 时，系统内相变材料的平均温度要明显高于流速为 10m/s 时的工况。从图 5-9 和图 5-10 中还可以看出，随着传热流体入口速度的增加，储热完全的时间随之缩短。当传热流体进口速度从 10m/s 增大到 23m/s 时，装置完成储热的时间从 10000s 降到 3600s。

图 5-11 和图 5-12 所示分别为释热过程不同进口流速下相变材料的平均温度和传热流体出口温度随时间的变化曲线。与储热过程相似，装置完全释热的时间也是随着传热流体入口速度的增加而减小。当传热流体速度从 10m/s 增大到 23m/s 时，装置完全释热时间从 11000 减少到 3500s。

综上所述，模拟结果基本验证了设计计算中装置核心参数设计的准确性。为了实现不同的储热和释热时间，可根据图 5-11 和图 5-12 选择合适的空气流速，

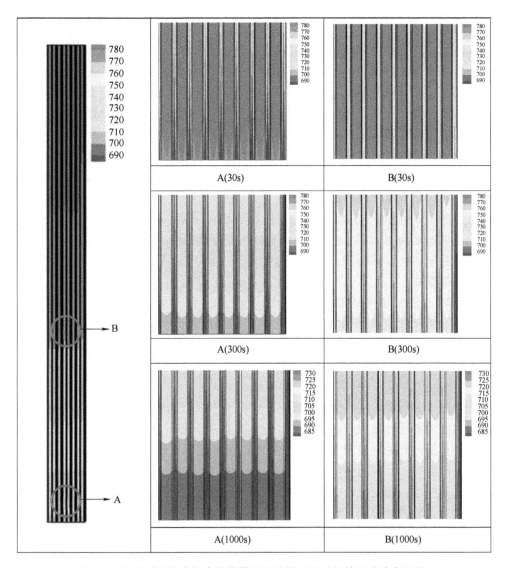

图 5-8 释热过程板式相变换热器不同位置不同时刻的温度分布云图

以 1h 储热、2h 释热为例，在考虑储热裕量的情况下，储热时选择 22~24m/s 的空气流速，释热时选择 10m/s 左右的空气流速即可满足使用要求。

5.2.4.3 传热速率

图 5-13 所示为储热过程不同传热流体进口速度下，传热流体与封装钢板及封装钢板与相变材料的传热速率随时间的变化规律（HTF 表示传热流体，Wall 表示封装钢板，PCM 表示相变材料）。

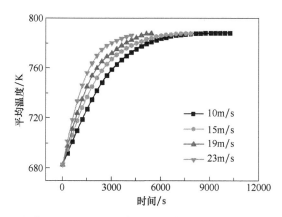

图 5-9　储热过程不同流速下相变材料侧的平均温度随时间的变化曲线

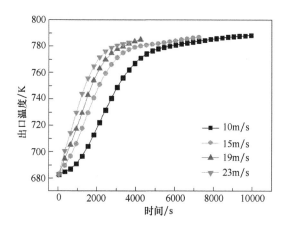

图 5-10　储热过程不同流速下传热流体出口温度随时间的变化曲线

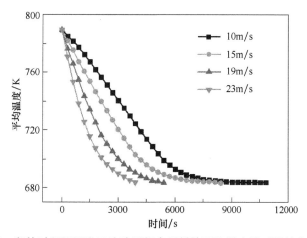

图 5-11　释热过程不同进口流速下相变材料的平均温度随时间的变化曲线

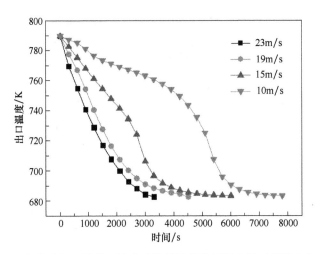

图 5-12　释热过程不同进口流速下传热流体出口温度随时间的变化曲线

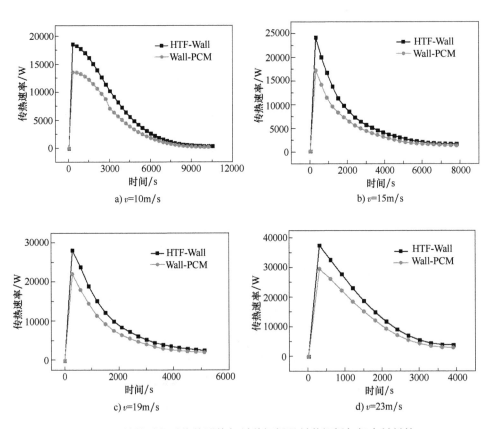

图 5-13　储热过程时传热流体与封装钢板及封装钢板与相变材料的
传热速率随时间的变化规律

由图 5-13 可知，随着储热过程的进行，装置内的传热速率（包括传热流体与封装钢板及封装钢板与相变材料）逐渐减小。传热流体与封装钢板及封装钢板与相变材料间的传热速率在储热过程初期是存在一定差距的，该差距随着储热过程的进行会逐渐缩小。这种现象的原因是在储热过程初期，装置内部的温差比较大，随着高温传热流体的进入，由于封装钢板拥有较高的导热系数，传热流体的热量会先传递给封装钢板，同时也因为封装钢板和相变材料间的导热系数差异，这个时候封装钢板会对传热流体与相变材料间的热量传递产生一定的影响。随着储热过程的推进，封装钢板会快速达到传热流体的进口温度，与传热流体间达到热平衡，装置内部的热量传递也主要集中在封装钢板和相变材料之间。随着相变材料温度的升高，其与封装钢板间的热量传热速率会随之逐渐减小，两者最终达到热平衡，传热速率趋于恒定。

从图 5-13 中还可以看出，装置内的传热速率是随着传热流体进口速度的增加而增大的。当传热流体速度为 10m/s 时，传热流体与封装钢板间的热量传递速率为 19kW，封装钢板与相变材料间的热量传递速率仅为 14kW。而当传热流体速度增加到 23m/s 时，三者间的热量传递速率分别增加到 39kW 和 30kW。

图 5-14 所示为储热过程中三者间传热速率的比较，可以清楚地看出，当流体速度从 10m/s 增加到 23m/s 时，三者间的传热速率将近增加一倍。

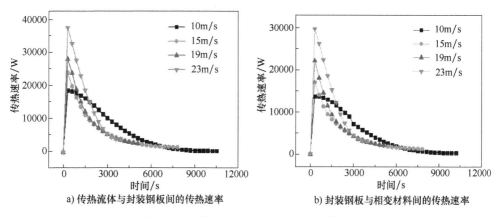

a) 传热流体与封装钢板间的传热速率　　　b) 封装钢板与相变材料间的传热速率

图 5-14　储热过程中三者间传热速率的比较

图 5-15 和图 5-16 所示分别为释热过程中不同传热流体流速时内部的传热速率随时间的变化曲线。可以看出，同储热过程一致，传热流体与封装钢板及封装钢板与相变材料间的传热速率是随着释热过程的进行而逐渐减小的。随着传热流体流速的增加，三者间的传热速率也是随之增大的。当流体速率从 10m/s 增加到 23m/s 时，三者间的释热速率也增大近一倍。

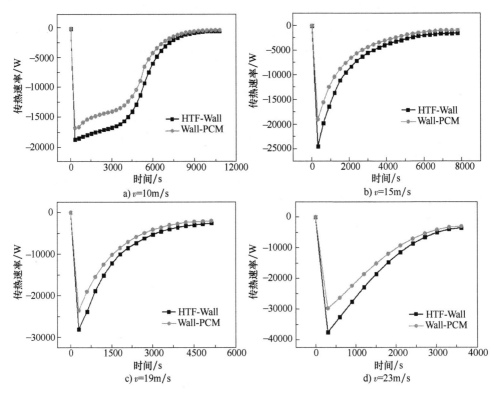

图 5-15 释热过程中不同传热流体流速时传热流体与封装钢板及相变材料间的
传热速率随时间的变化曲线

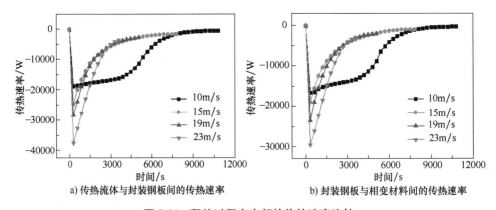

图 5-16 释热过程中内部的传热速率比较

5.2.4.4 储/释热量及储/释热功率

图 5-17 所示为储热过程中板式相变储热换热器内部相变材料所储存热量与总储热量的比值随储热时间的变化曲线。图 5-17 中纵坐标为相变材料所储存热

量占总储热量的比值，分析中考虑了封装钢板显热储热量的影响。

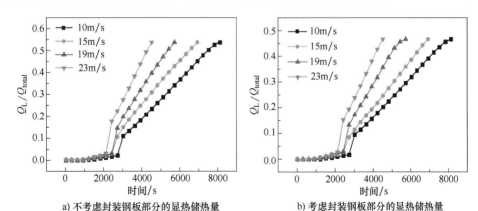

a) 不考虑封装钢板部分的显热储热量　　　　b) 考虑封装钢板部分的显热储热量

**图 5-17　储热过程中板式相变储热换热器内部相变材料所储存热量与总储热量的
比值随储热时间的变化曲线**

从图 5-17a 中可以看出，在装置储热过程中，相变材料储热量占总储热量的比值先是缓慢增加，到达一定时间段后，该比值会出现一个跳跃点，然后会以恒定的速率增加到最大值。以传热流体流速 23m/s 为例分析说明，在储热过程进行的前 2000s 内，相变材料所储热量比值从 0 缓慢增大到 0.05，这里表明此时装置内部相变材料没有发生相变，此时间段内热量的储存主要以显热为主。随着储热过程的推进（2000~3000s），相变材料开始发生相变，此时相变材料中的热量储存包括显热和相变潜热，因此其对应的比值会有一个比较明显的跳跃点；此时间段之后相变材料完全相变，该比值以一个恒定的增长速率持续到储热过程结束。图 5-17b 为考虑封装钢板的显热储热量时，相变材料中所储热量占总热量的比值随传热流体流速的变化情况，储热结束时刻，考虑封装钢板的显热储热量后相变材料所储热量占比降低约 0.06（入口流速为 23m/s）。

图 5-18 所示为释热过程中相变材料所释放热量占总释放热量的比值随传热流体流速的变化曲线。不同于储热过程，对于不同的传热流体流速，相变材料所释放的热量从开始就会以恒定的速率释放，这表明，相变材料从释热过程开始就会发生相变，由于相变材料的相变温度为 782K，释热过程中相变材料区域的初始温度为 790K，两者之间仅有 8K 的温差，这是其释热过程中相变材料释热量与总释热量的比值呈近似恒定趋势下降的主要原因。

图 5-19 所示为储热过程中相变储热单元的储热量、储热功率及显热/潜热占比随时间的变化曲线。可以看出，随着储热时间的进行，总的储热量一直增加，包括相变材料的潜热/显热，封装钢板的显热。短时间内储热功率变化引

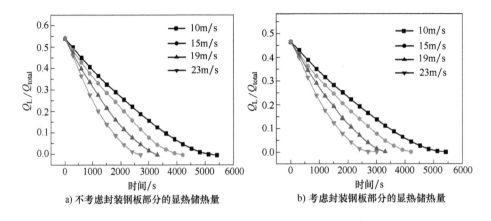

a) 不考虑封装钢板部分的显热储热量　　　　b) 考虑封装钢板部分的显热储热量

**图 5-18　释热过程中相变材料所释放热量占总释放热量的
比值随传热流体流速的变化曲线**

起的总储热量变化并不明显。当相变材料开始发生相变，储热单元内部相变材料的储热由显热转为潜热，此时单元内相变材料的平均温度也相对恒定。储热过程后期，单元内部又以显热储热为主，此时的储热功率较之前有潜热储热时有所降低。

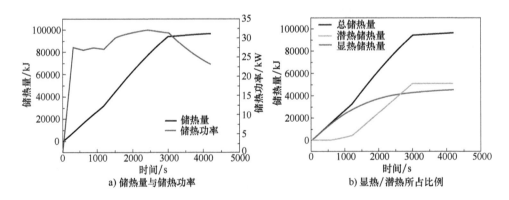

a) 储热量与储热功率　　　　　　　b) 显热/潜热所占比例

**图 5-19　储热过程中相变储热单元的储热量、储热功率及
显热/潜热占比随时间的变化曲线**

综上所述，针对本节二维相变储热单元算例，在整个储热过程中，相变材料是逐级沿着传热流体流动方向融化的，装置的传热速率及储释热效率，都随传热流体入口速度的增大而增强。当传热流体速流从 10m/s 增大到 23m/s 时，装置总的储热时间从 10000s 缩短为 3600s，总的释热时间从 11000s 缩短为 3500s，装置的储释热速度分别能提高 64% 和 68.2%。

5.3　高温复合相变储热单元的三维热分析

5.3.1　问题描述

基于高温复合相变材料制作的蓄热砖外形尺寸长×宽×高为 240mm×115mm×

53mm，材料的热物性参数见表 4-1。某高温相变储热单元由 66 块蓄热砖组成，储热单元的几何尺寸长×宽×高为 720mm×480mm×389mm，高温储热单元三维几何模型如图 5-20 所示。该储热单元中间四条传热流体通道为 40mm，呈"弓"形分布，侧边两条通道尺寸分别为 25mm 和 30mm。高温相变储热单元设计储热功率为 10kW，考虑 100～750℃ 温度区间的储热容量为 60kWh。

试确定高温相变储热单元的储/释热特性。

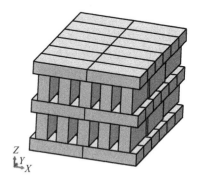

图 5-20　高温储热单元三维几何模型

5.3.2　数学模型

高温相变储热单元几何模型满足上下对称，对称面为第三层蓄热砖中间面。为了减少数值仿真的网格数量，所取计算区域为储热单元的一半结构。计算区域由固体区域（相变材料）和流体区域（传热介质空气）构成，分别如图 5-21 和图 5-22 所示。

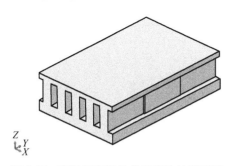

图 5-21　高温相变储热单元固体计算区域

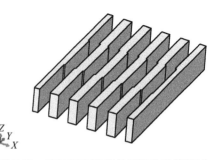

图 5-22　高温相变储热单元流体计算区域

描述传热介质空气与蓄热砖的流动传热问题的控制方程组包括连续性方程、动量方程、能量方程、焓-孔隙率模型以及辐射模型，前 4 种模型在 5.2 节中已做介绍，本小节不再赘述，需要注意的是方程中的所有矢量应该在 X、Y、Z 三个方向展开。本小节重点介绍 ANSYS Fluent 软件的辐射模型，包括 5 种辐射模型，分别为 DTRM（Discrete Transfer Radiation Model）模型、P1 模型、Rosseland 模型、DO（Discrete Ordinates）模型和 S2S（Surface to Surface）模型。这 5 种模型分别有各自的优缺点及适应的计算范围，比如 DTRM 模型和 DO 模型可以适用于所有光学深度问题，P1 模型适用于光学深度为 1~3 的情况，S2S 模型适用于真空中辐射模型等。本小节选用 Rosseland 模型来考察储热单元内部的辐射传热影响。这里需要指出的是，选用 Rosseland 模型的原因主要是其需要的计算资源相对其他模型较少，并不是说其他模型不适合本小节的辐射计算。

数值仿真过程中辐射模型采用 Rosseland 模型。由于加入辐射传热，能量方程的源项需要添加辐射源项。该辐射源项表达式为

$$S_e = (k+16\sigma\varGamma T^3)\nabla T \tag{5-36}$$

其中

$$\varGamma = \frac{1}{3(a+\sigma_s)-C\sigma_s} \tag{5-37}$$

式中，σ 为斯特藩-玻耳兹曼常数；a 为吸收系数，计算过程取蓄热砖吸收系数为 0.5；σ_s 为散射系数；C 为线性各相异性相位函数系数。

5.3.3 边界条件与初始条件

采用 ANSYS Fluent 2020R1 软件进行高温相变储热单元储/释热性能的模拟分析。如之前所述，储热单元传热流体通道为 6 条，模拟过程中计算区域为三维对称区域。由于材料模块在实际的堆积过程中，储热材料和传热流体为直接接触，因此模型在建立的过程中不予考虑其间的接触热阻。计算区域中相变材料区域采用结构化六面体网格，传热流体区域采用四面体网格，经网格无关性检测网格总数约为 102.2 万，节点数约为 258.6 万，储热单元计算区域网格划分示意图如图 5-23 所示。

图 5-23　储热单元计算区域网格划分示意图

在仿真计算过程中，计算区域对应的模型设定为非稳态、层流/湍流、固/液相变模型，辐射模型。进口采用速度入口边界条件，出口采用压力出口边界条件；外壁采用绝热壁面边界条件。对于储热过程，PCM 的初始温度设定为373K，传热流体进口温度设定为1023K；对于释热过程，PCM 的初始温度设定为 1023K，传热流体进口温度设定为373K。

此外，对模型同时做如下假设：1）传热流体进气口速度均匀；2）复合材料中的相变材料只有一个熔点；3）PCM 的固液两相的比热容、导热系数、密度为常数，不随温度发生变化，且各向同性；4）单元体模块两端为绝热。

储热单元储/释热性能模拟的参数设置见表5-3。储热过程取传热流体入口速度范围为 1~15m/s，传热流体进口温度为1023K，蓄热砖的初始温度为373K来进行考察。释热过程将传热流体入口温度和相变材料的初始温度分别设定为373K 和 1023K，传热流体速度考察范围为 1~15m/s。

表 5-3　储热单元储/释热性能模拟的参数设置

设置参数	储热过程		释热过程	
	设计值	模拟值	设计值	模拟值
传热流体速率/(m/s)	1~15	1~15	1~15	1~15
相变材料初始温度/K	373	373	1023	1023
传热流体入口温度/K	1023	1023	373	373

对于储热模块储/释热过程中所考察的传热流体入口速率，其对应的雷诺数见表5-4。

表 5-4　传热流体入口速率对应的雷诺数

Re	1m/s	3m/s	5m/s	7m/s	10m/s	12m/s	15m/s
储热过程	443.1	1329.2	2215.4	3101.6	7542.9	9210.5	13952.6
释热过程	2574.9	7724.6	12874.4	18024.1	21069.1	24521.2	27495.6

5.3.4　方程求解与结果分析

采用商业软件 ANSYS Fluent 2020R1 对计算区域内的流动与换热过程进行模拟。为了求解动量和能量方程，采用幂律格式和压力-速度耦合的 SIMPLE 方法。压力修正方程采用 PRESTO 格式。所有求解变量的归一化残差的收敛准则设定为 10^{-6}。

本小节将对三维相变储热单元的储/释热性能进行分析，包括流场分布、温度场分布、储/释热量及储/释热功率。

5.3.4.1　储热单元流场分布

图 5-24 所示为入口流速 3m/s 时储热单元内部传热流体通道的速度云图。可

以看出，由相变蓄热砖堆砌的流体通道在一定程度上起到增强换热的作用，传热流体在截面积变化处速度有明显的增强。以传热流体入口速度 3m/s 为例，其在"弓"形通道窄入口处的速度可以增大到 4.5～5m/s，对应地，相变蓄热砖与传热流体间的对流换热系数也会随之增大。

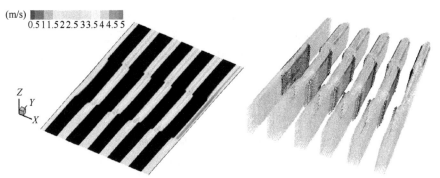

图 5-24　储热单元内部传热流体通道的速度云图（$v = 3m/s$）

在传热通道间距一定的情况下，当传热流体入口流速从 2m/s 增大到 15m/s 时，储热单元的整体传热系数从 75W/(m² · K) 增大到 350W/(m² · K)，同时换热效率是随着传热流体的流速增大而增强，表明储热单元内部相变蓄热砖的堆积方案能有效地增强传热流体与复合相变材料的换热效果。

5.3.4.2　储热单元温度场分布

（1）储热过程

图 5-25 所示为传热流体入口速度 3m/s 时，储热单元的传热流体区域和复合相变材料区域温度分布云图。由图 5-25 可知，随着传热流体的流动方向而逐渐传递给相变储热材料，相同的储热时间，传热流体通道上部区域的复合相变储热模块的温度较下部区域的温度约高 50℃。主要原因是高温相变储热单元由 6 层相变砖组成，数值计算模型以第三层蓄热砖中间面为对称面，所以其上部复合相变材料的温度传递要快于最底层储热模块。

图 5-26 所示为不同储热时刻高温相变储热单元的温度分布云图（$v = 3m/s$），更直观地显示了内部的温度传递过程。图 5-26 中横截面均沿 Z 轴方向，坐标分别为 $Z = 0.08m$、$Z = 0m$ 和 $Z = -0.08m$，这里需要指出的是 $Z = 0$ 截面为计算模型的中心面。

由图 5-26 可知，随着传热流体的进入，其热量首先是传递给流体通道间的复合相变储热模块，如图 5-26a 所示，加热 1h 后复合相变储热材料前端温度达到约 550K。之后随着传热过程的进行，热量同时沿着 Z 轴和 Y 轴传递。需要注意的是，位于侧边的 2 条换热通道横截面积小于中间的 4 条通道，因此侧边的流体速度较中间流道高，导致这 2 条通道内的传热效率高于中间区域，这也是

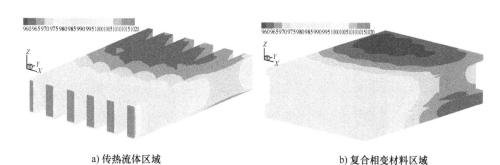

a) 传热流体区域　　　　　　　　　　　　b) 复合相变材料区域

图 5-25　储热单元的传热流体区域和复合相变材料区域温度分布云图（$v=3\mathrm{m/s}$）

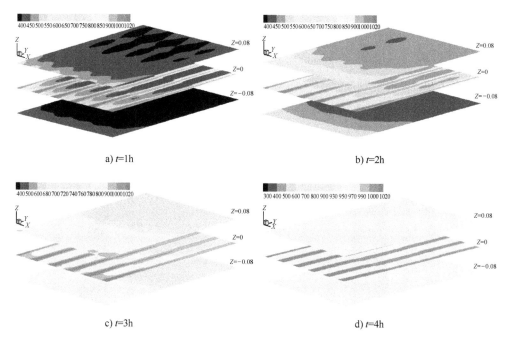

a) $t=1\mathrm{h}$　　　　　　　　　　　　b) $t=2\mathrm{h}$

c) $t=3\mathrm{h}$　　　　　　　　　　　　d) $t=4\mathrm{h}$

图 5-26　不同储热时刻高温相变储热单元的温度分布云图（$v=3\mathrm{m/s}$）

$Z=0.08\mathrm{m}$ 和 $Z=-0.08\mathrm{m}$ 两个截面内的温度云图呈内凹分布的原因，如图 5-26c 和图 5-26d 所示，储热 4h 后蓄热体的整体温度达到 950K 以上。

　　图 5-27 所示为传热流体流速 $1\sim7\mathrm{m/s}$，储热时间 1h、2h、3h 时储热单元中间换热通道的空气域和相变材料区域的温度分布云图。以空气流速 3m/s 为例，随着高温传热流体的流入，其热量是同时沿着 Z 轴和 Y 轴方向传递。由于传热流体通道的交错设计，空气经过截面变化处产生湍流，其内部的传热得到了明显的强化。当空气流速提高到 7m/s 后，加热 3h 后单个换热通道的最低温度由 700K 增加到 820K 左右。

163

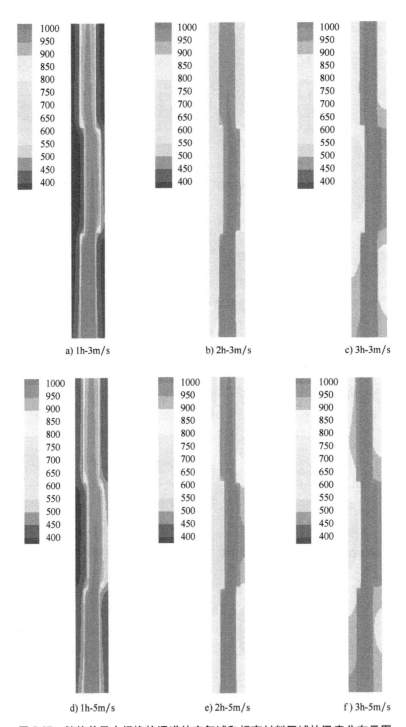

a) 1h-3m/s b) 2h-3m/s c) 3h-3m/s

d) 1h-5m/s e) 2h-5m/s f) 3h-5m/s

图 5-27　储热单元中间换热通道的空气域和相变材料区域的温度分布云图

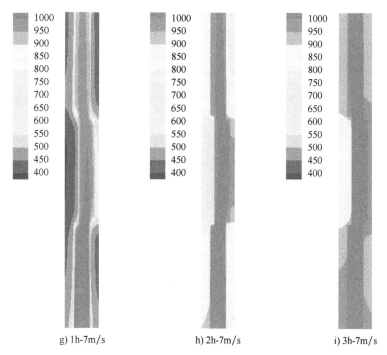

g) 1h-7m/s　　　　h) 2h-7m/s　　　　i) 3h-7m/s

图 5-27　储热单元中间换热通道的空气域和相变材料区域的温度分布云图（续）

图 5-28 和图 5-29 所示分别为储热过程中不同传热流体流速下，复合相变储热模块区域的平均温度及传热流体出口温度随时间的变化曲线，如之前所述，取复合相变储热模块侧平均温度和传热流体出口温度作为储热单元储/释热完全的标志，即当复合相变储热模块侧的平均温度与传热流体进口温度一致，或传热流体出口温度与进口温度一致时，判定单元模块储热完全。

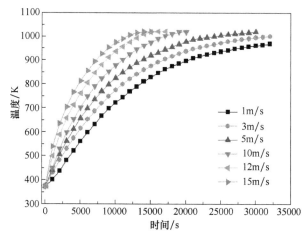

图 5-28　复合相变储热模块区域的平均温度随时间的变化曲线

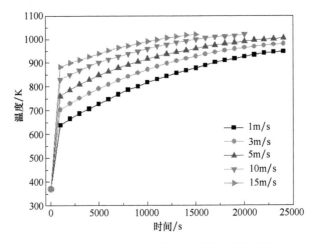

图 5-29　传热流体出口温度随时间的变化曲线

对比图 5-28 中不同空气流速的仿真工况，在传热流体流速考察范围内，储热过程初期相变材料区域的平均温度初期增长速度明显高于储热过程后期，并且随着流速的增加温升速度有显著的提高。由于储热初期阶段，储热单元内部的温差较大，对应的传热速率也就较大；储热过程后期，随着相变材料温度的增加，其与传热流体间的温差逐渐缩小，此时内部的传热速率随之逐渐减弱，因此相变储热材料的平均温度在储热初期阶段的增加速率大于储热后期阶段。当传热流体流速为 15m/s 时，相变储热材料的平均温度要明显高于流速为 1m/s 时的情况。随着传热流体入口速度的增加，储热单元储热完全的时间随之缩短。当传热流体进口速度从 1m/s 增大到 15m/s 时，储热单元完成储热的时间从 32000s 降到 10000s。

当储热时间设计为 5h 时，对应图 5-28 和图 5-29 可以看出，满足设计储热量和储热功率对应的传热流体流速为 5~7m/s，总的有效储热时间能满足设计要求。在传热流体流速为 5~7m/s 时储热单元的压力损失为 500~700Pa。

（2）释热过程

图 5-30 所示为释热过程储热单元内部不同时刻的温度分布云图，截取沿 Z 轴方向的三个横截面，分别为 $Z=0.08m$，$Z=0m$ 和 $Z=-0.08m$。

以传热流体速度 3m/s 为例来说明，储热单元上部分区域的释热速率高于下部分区域，释热 4h 后 $Z=0.08m$ 横截面的平均温度约为 485K，较 $Z=-0.08m$ 截面的平均温度低约 90K。在释热过程中，其内部的温度同样呈内凹型分布；随着释热过程的推进，单元体内温度传递主要存在 Y 轴方向。

图 5-31 所示为单元模块释热过程中单条传热流体通道和复合相变储热模块温度随时间的变化云图。其可以更加直观地看出，同储热过程一致，由于传热流

道的交错排列，内部的空气在流道截面变化处湍流现象明显，速度的变化导致空气与储热材料间的对流换热增加，进而换热量增大，即表示释热过程的释热速率增大。以空气流速 7m/s 为例，释热 3h 后储热介质的平均温度降低到 470K。

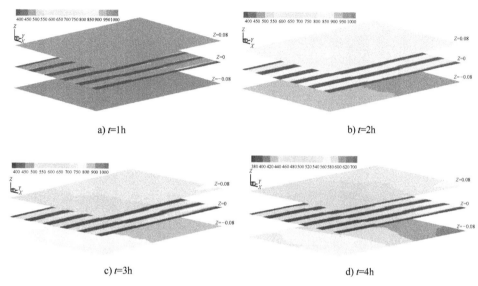

a) t=1h　　　　　　　　　　　　　　　　　b) t=2h

c) t=3h　　　　　　　　　　　　　　　　　d) t=4h

图 5-30　释热过程储热单元内部不同时刻的温度分布云图（$v = 3\text{m/s}$）

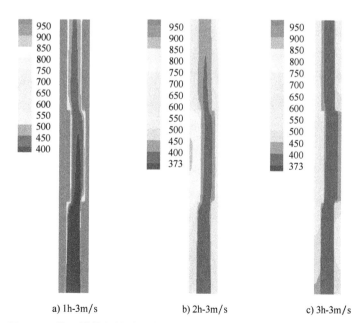

a) 1h-3m/s　　　　　　b) 2h-3m/s　　　　　　c) 3h-3m/s

**图 5-31　单元模块释热过程中单条传热流体通道和复合相变储热模块
温度随时间的变化云图**

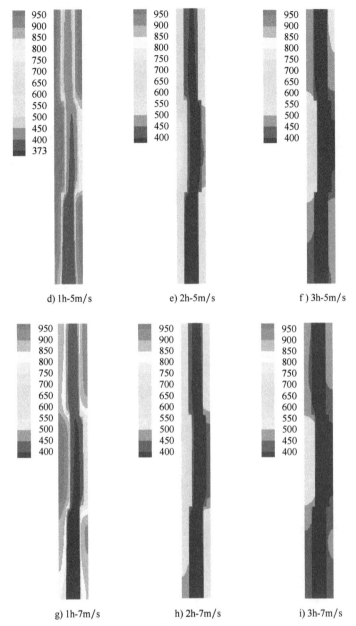

d) 1h-5m/s　　　　　　e) 2h-5m/s　　　　　　f) 3h-5m/s

g) 1h-7m/s　　　　　　h) 2h-7m/s　　　　　　i) 3h-7m/s

**图 5-31　单元模块释热过程中单条传热流体通道和复合相变储热模块
温度随时间的变化云图（续）**

　　图 5-32 和图 5-33 所示分别为释热过程中相变材料区域平均温度和传热流体出口温度随时间的变化曲线，同储热过程一致，储热单元完全释热的时间也是随着传热流体入口速度的增加而减小。

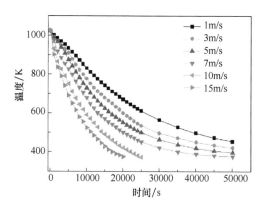

图 5-32　释热过程中相变材料区域平均温度随时间的变化曲线

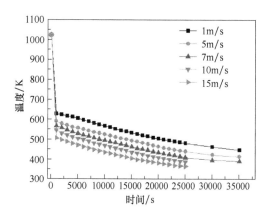

图 5-33　释热过程中传热流体出口温度随时间的变化曲线

当传热流体速度从 1m/s 增大到 15m/s 时，储热单元完全释热时间从 35000s 减少到 15000s。当传热流体流速为 7m/s 时，储热单元完全释热时间约为 6h，总时间高于设计值。当传热流体流速范围为 8~10m/s 时，满足储热单元完全释热时间 5h 的设计要求。

5.3.4.3　储/释热量及储/释热功率

储热过程储热单元的储热量（包括显热量、潜热量及总储热量）的变化曲线如图 5-34 所示，取传热流体流速 7m/s 为例进行说明，储热时间 5h 时总储热量达到 220000kJ，其中相变材料潜热为 21002.88kJ，其他材料的显热为 188997.12kJ。

不同传热流体速度下高温相变储热单元的总储热量和储热功率随时间的变化曲线分别如图 5-35~图 5-38 所示。

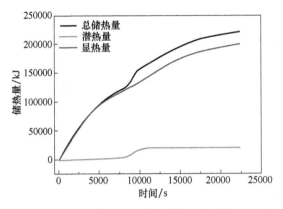

图 5-34 储热过程储热单元的储热量的变化曲线（$v = 7\text{m/s}$）

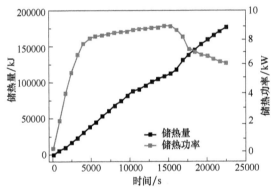

图 5-35 流速 5m/s 时高温相变储热单元的总储热量和
储热功率随时间的变化曲线

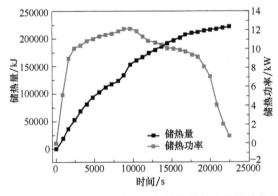

图 5-36 流速 7m/s 时高温相变储热单元的总储热量和
储热功率随时间的变化曲线

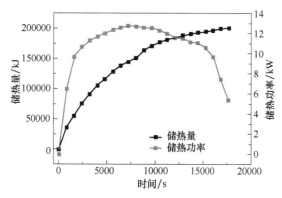

图 5-37　流速 10m/s 时高温相变储热单元的总储热量和
储热功率随时间的变化曲线

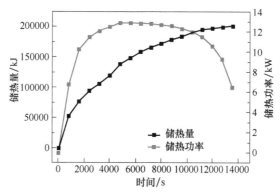

图 5-38　流速 15m/s 时高温相变储热单元的总储热量和
储热功率随时间的变化曲线

　　由图 5-35~图 5-38 可知，储热阶段前 4000s 内，储热单元内的传热速率基本
恒定，随着相变材料区域温度的缓慢增加，内部的传热速率逐渐减弱到最终值。
这也是储热单元内部相变材料区域温度增加速率基本恒定的原因。同时，当传热
流体流速较小时，由于换热通道"弓"型设计的结构特征，其内部的温度分布
呈明显的三段式分布，这也是其内部的传热速率曲线会在初期增大到最大值
12.5kW 后，以较平缓的速率减小到最小值的原因。随着传热流体流速的增大，
储热单元的储热功率是随之增加的，储热过程中的最大储热功率可以达到
12.1kW，而且整个储热 5h 过程的平均储热功率为 10.5kW。

　　图 5-39~图 5-41 所示为释热过程中不同传热流体流速下高温相变储热单元
的总释热量和释热功率随时间的变化曲线。与储热过程一致，随着传热流体流速
的增大，储热单元的释热功率也是更加趋于稳定和平滑。

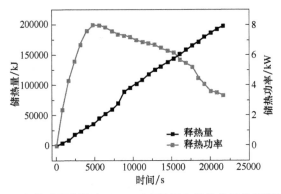

图 5-39　释热过程中流速 **7m/s** 时高温相变储热单元的总释热量和
释热功率随时间的变化曲线

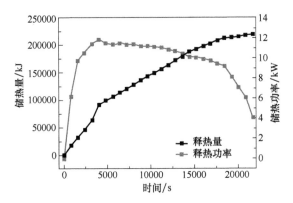

图 5-40　释热过程中流速 **10m/s** 时高温相变储热单元的总释热量和
释热功率随时间的变化曲线

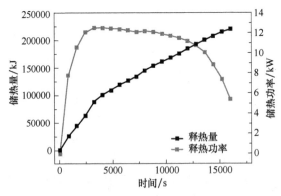

图 5-41　释热过程中流速 **15m/s** 时高温相变储热单元的总释热量和
释热功率随时间的变化曲线

以释热过程传热流体流速 10m/s 为例进行说明，释热 5h 的总释热量约为 210000kJ，最大释热功率为 11.8kW，平均释热功率为 10.1kW，计算结果表明该工况满足对释热功率和释热量的要求。

5.4　案例分析

5.4.1　单通道相变砖储热单元仿真案例

某分离型固体蓄热装置采用相变砖作为储热介质，储热功率为 250kW，设计储热容量为 1MWh。蓄热体设计换热通道数共计 180 个，单个换热通道的横截面积为 15mm×33mm，长度为 2.8m，蓄热体的结构模型如图 5-42 所示。

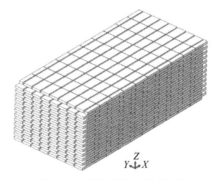

图 5-42　蓄热体的结构模型

忽略蓄热体边缘的传热影响，假设蓄热体迎风面的空气流速均匀分布，根据蓄热体结构的几何对称性，选择具有代表性的计算单元进行仿真分析，直通道计算单元如图 5-43 所示。

a) 蓄热砖组成的单个换热通道模型

b) 单个换热通道简化计算模型

图 5-43　直通道计算单元

直通道计算单元模型采用 ICEM CFD 软件的结构化网格，直通道计算单元的网格划分结果如图 5-44 所示，网格总数约为 19.2 万。

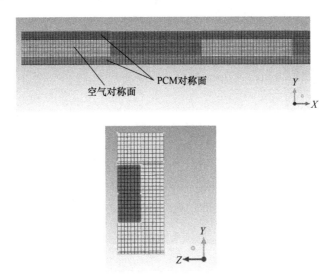

图 5-44 直通道计算单元的网格划分结果

在计算过程中，计算区域设定的模型为非稳态、层流/湍流、固/液相变模型；入口采用速度进口边界条件，出口采用压力出口边界条件；外壁采用绝热壁面边界条件。加热过程中设定储热材料的初始温度为 423K，空气入口温度为 1023K，空气入口速度范围为 6~25m/s。

图 5-45 所示为直通道计算单元入口速度 6m/s 时，不同加热时刻对称面位置的温度分布云图。

由图 5-45 可知，对于储热过程，随着储热时间的推移，相变材料是逐级沿着传热流体流动方向融化的。当储热时间为 1h 时，系统入口段相变材料侧的温度刚刚达到相变温度点。随着储热过程的推进，其温度逐渐沿传热流体流动方向趋于平缓。这是由以下两个因素造成的。一是储热初期阶段，相变材料侧与传热流体侧的温度差较大，所以其传热速率也相对较快。另外一个是由于装置结构的特殊性，传热区域的横径比达到 1/80，相变材料通道的横径比较大，相变材料区域横向的传热速率要大于径向的传热速率。随着储热过程的进行，相变材料区域的横向温度进一步升高，和传热流体侧的温差逐渐缩小，此时其内部的温差主要是存在于装置的径向，因此，相变材料侧径向的传热会随储热过程的进行而加强，系统内温度分布随后也逐渐趋于平滑。

储热时间 4~8h 的过程中整个计算单元的最低温度由 600K 上升到 850K，与传热流体之间的温差进一步降低，也可以看出随着相变材料温度的增加，装置内

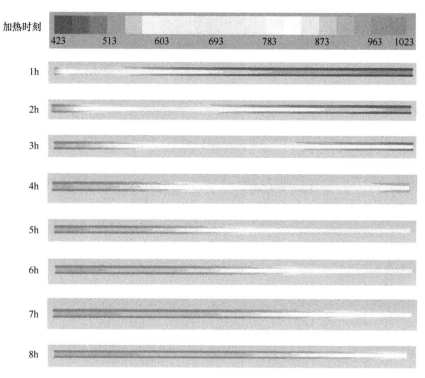

图 5-45　直通道计算单元不同加热时刻对称面位置的温度分布云图

部的总传热速率随之减弱，相变材料侧的温度最后将趋于和传热流体温度一致，完成整个储热过程，需要注意的是加热 8h 时刻整个计算单元的相变材料发生相变的比例约为 27.5%。

图 5-46 所示为直通道换热结构加热 8h 后停止加热，通过 150℃ 的循环空气，入口速度 1m/s 与换热通道进行释热的过程，释热过程持续时间为 16h。

由图 5-46 可知，停止加热后马上开启释热过程，由于热惯性，热量仍会沿着流动方向向后传递，如释热 2h 时刻入口段的温度已经下降到 700K 以下，然而计算单元中间位置最高温度仍接近 1000K，与此对应的是，加热 8h 过程中所发生的相变区域，全部发生凝固。随着释热过程的进行，入口段低温区域逐渐向下游扩展，并且相变砖的温度与传热流体间的温差也逐渐减小，总的释热功率相对应也会逐渐降低。特别地，释热 16h 时刻直通道计算单元内最高温度仅为 620K 左右，位于出口段位置，同时约占计算单元 1/5 长度的入口段基本与传热流体温度相同，该部分已失去释热功能。

为了比较不同入口流速对于直通道计算单元的储热能力，选择 4h 的加热时间，速度分别为 6m/s、9m/s、12m/s、15m/s、20m/s 和 25m/s 的计算工况，结果如图 5-47 所示。

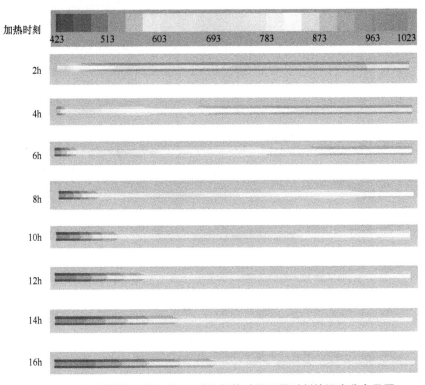

图 5-46　直通道换热结构加热 8h 后纯释热过程不同时刻的温度分布云图

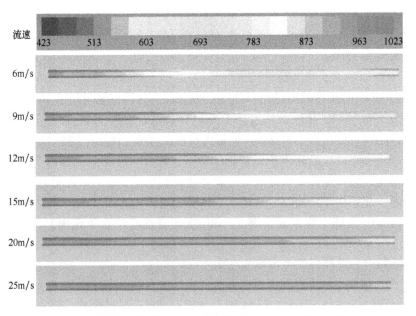

图 5-47　不同流速下直通道计算单元加热 4h 时刻的温度分布云图

由图 5-47 可知，同样的加热时间（加热 4h），随着传热流体流速的增加，流体与相变砖间的换热系数增大，计算单元内整体平均温度增高。从相变砖发生相变部分所占比例分析，随着传热流体流速的增加，相变率从 5.8% 增加到 41%。

对于直通道计算单元对应的蓄热体结构模型，当入口流速处于 6 ~ 25m/s，加热 4h 时间内的储热功率随时间的变化如图 5-48 所示，相同时间内整个蓄热体的蓄热量随时间的变化如图 5-49 所示。

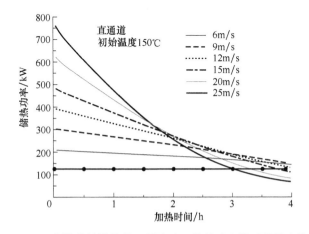

图 5-48　直通道计算单元不同流速下储热功率随时间的变化

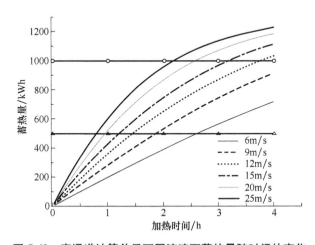

图 5-49　直通道计算单元不同流速下蓄热量随时间的变化

由图 5-48 可知，开始加热初期，传热流体与相变砖之间的温差大，不管流速高或低，初期的储热功率均较大，并且随着流速的增加，储热功率增加得更多。同时需要注意的是，虽然流速越大，初期的储热功率越大，但是加热相同时间后，流速大的工况反而储热功率下降得更多，主要是因为传热流体与相变砖随着流速的增加，相同时间后温度差变小，导致换热系数降低。从蓄热量的角度看，当流速超过12m/s后，仅仅加热4h后蓄热芯体的总蓄热量已经超过了1MWh，即使流速为6m/s，加热4h后的蓄热量也可达到70%的总蓄热量。

5.4.2 固体复合相变储热单元仿真案例

本案例所述的蓄热体材料为复合相变材料，尺寸为230mm×115mm×50mm。图5-50所示为单通道蓄热体系统结构图。这种方体设计结构形式简单灵活、易于装配，可以通过调整蓄热砖的位置来改变换热通道的大小，也可以通过调节局部换热通道尺寸来减小或消除蓄热不均等现象，易于优化蓄热体结构及换热通道结构设计，具有调节蓄热系统的部分性能参数。图5-51所示为蓄热体沿宽度方向的截面图。

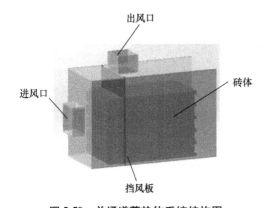

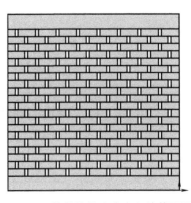

图5-50　单通道蓄热体系统结构图　　　图5-51　蓄热体沿宽度方向的截面图

换热面积和换热通道气体流量是影响换热性能的主要因素之一，通过风道体积与蓄热砖体积之比（称之为占孔比）来体现这种影响。通过不同的占孔比，分别为15%、20%、25%设计蓄热体结构及换热通道，通过仿真计算分析选取合理的换热通道结构，三种结构形式及主要尺寸分别如图5-52~图5-54所示。

以占孔比15%为例进行说明。分别截取蓄热体a、b、c、d 4个截面如图5-55所示，分析温度场的分布情况。

（1）温度场与流场

针对蓄热体来说，在同一时刻温度值分布是存在差异的，引起差异的因素有很多，但主要是流场的影响，同时也有蓄热体本身因素的影响，这种差异反映蓄热的性能。针对图5-55所示的几个横截面位置，图5-56给出了蓄热7h的温度分布情况。

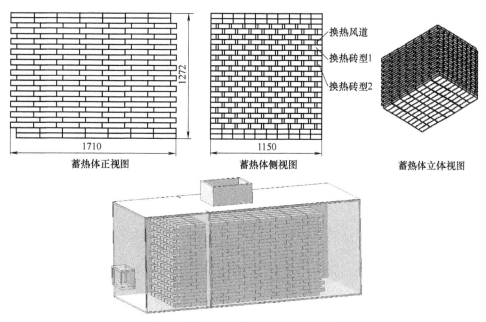

换热风道
换热砖型1
换热砖型2

蓄热体正视图　　　　　蓄热体侧视图　　　　　蓄热体立体视图

图 5-52　占孔比为 15%的蓄热体结构

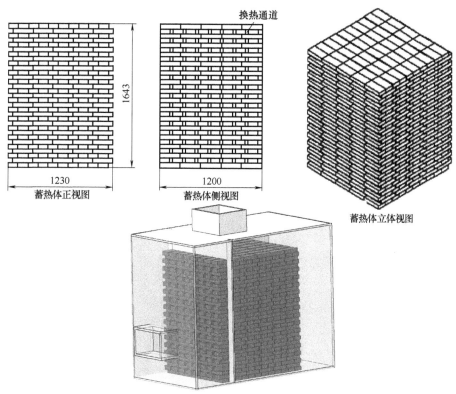

换热通道

蓄热体正视图　　　　　蓄热体侧视图　　　　　蓄热体立体视图

图 5-53　占孔比为 20%的蓄热体结构

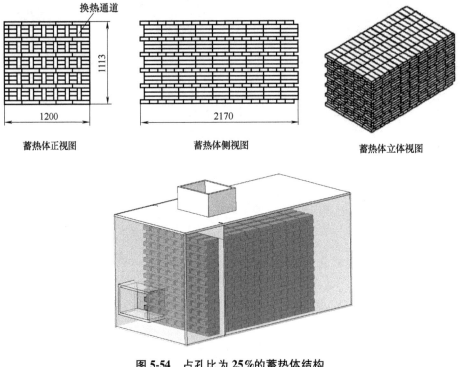

蓄热体正视图　　　　　　蓄热体侧视图　　　　　　蓄热体立体视图

图 5-54　占孔比为 25% 的蓄热体结构

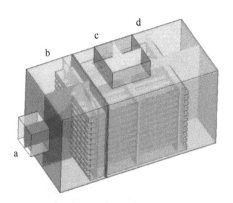

图 5-55　蓄热体截面位置图

由图 5-56 可以看出，蓄热过程中温度是由前到后、由中心到四周逐渐变小，温度分布基本呈圆台形式分布。导致上述温度分布主要由几个因素影响：风道入口位于蓄热体前端面中心，这也间接导致中间风量较大，而四周风量较小，影响换热速率。这种情况提示可以通过对入口空气腔进一步优化设计，使得四周的换热与中间的换热接近，避免温度分布的不均匀。

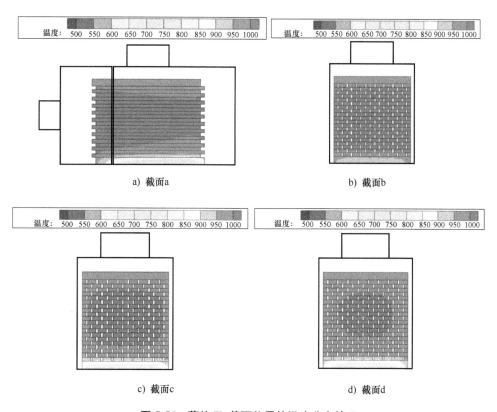

图 5-56　蓄热 7h 截面位置的温度分布情况

取蓄热体平均温度随时间变化、蓄热气流出口表面平均温度随时间变化来描述蓄热装置温度变化过程，如图 5-57 所示。

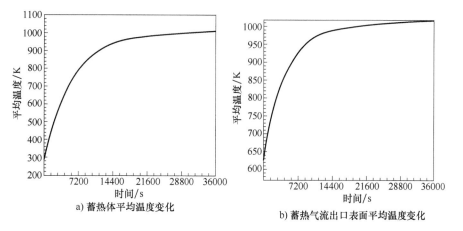

图 5-57　蓄热装置温度分布图

从图 5-57 中可以看出设定的加热时长为 10h，但是在加热 3h 后，温度曲线的变化变得非常缓慢，温度的升高幅度非常小。要改变这种现象，需要采取相应的措施，如通过控制系统调节风流量来缩短蓄热时间。

当蓄热体蓄热 10h 完成蓄热后，蓄热体开始释热。为便于说明释热过程的温度分布，截取的蓄热体的截面位置与图 5-55 所示的截面位置相同，截取的时刻为释热 2h（见图 5-58）。

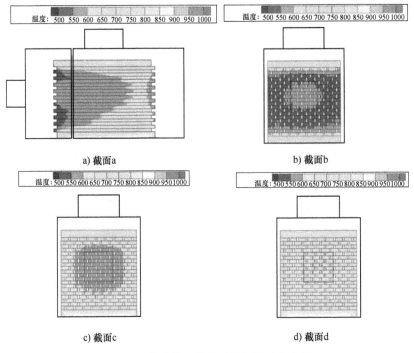

a) 截面a   b) 截面b

c) 截面c   d) 截面d

图 5-58　蓄热体不同截面位置温度分布图

以截面 a 为例，该横截面不同释热时刻的温度分布云图如图 5-59 所示。

为显示蓄热体总体放热情况，通过蓄热体平均温度和蓄热装置出口温度来显示蓄热装置的运行情况，如图 5-60 所示。

在开始释热 2h 内，蓄热体温度下降最快，随着释热时间的增加，蓄热体温度逐渐下降，临近蓄热体前部温度最低，蓄热体温度下降速度中部最快，由中部向四周和后部渐渐变慢。蓄热体在释热 4h 后，其中部已达到 500K 左右，但其四周温度仍然很高；在释热 8h 后，蓄热体的平均温度接近 500K。蓄热体最顶层和最底层温度略高。

为了分析蓄热体的流场分布，分别截取蓄热体的 a、b、c、d、e 截面，如图 5-61 所示。

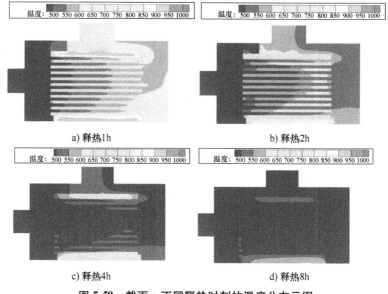

a) 释热1h

b) 释热2h

c) 释热4h

d) 释热8h

图 5-59 截面 a 不同释热时刻的温度分布云图

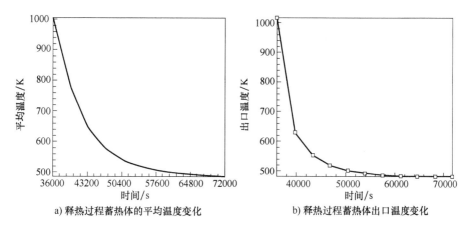

a) 释热过程蓄热体的平均温度变化

b) 释热过程蓄热体出口温度变化

图 5-60 释热过程的温度变化

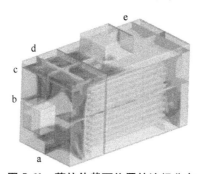

图 5-61 蓄热体截面位置的流场分布

183

蓄热 7h 时刻，蓄热体不同截面位置的速度分布如图 5-62 所示。

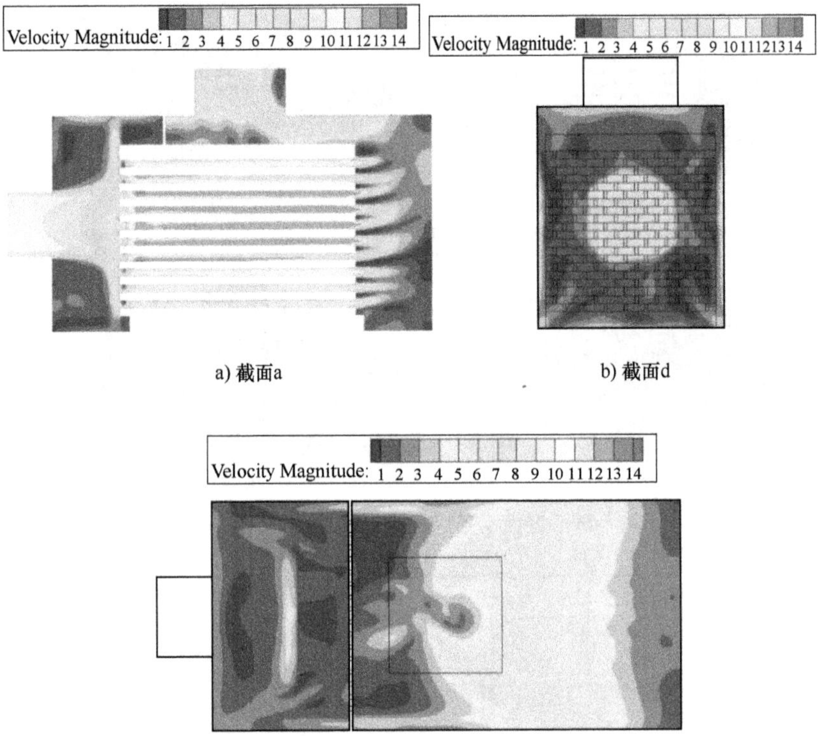

a) 截面 a　　　　　　　　　　　　　　b) 截面 d

c) 截面 c

图 5-62　蓄热 7h 蓄热体不同截面位置的速度分布

从图 5-62 可知，蓄热风道内速度以正对入风口的风道为最大，由中心向四周速度渐渐变小，符合流体流动特性。在蓄热体前面空腔内和后腔室均存在涡流，不仅使流体能量损失，也影响蓄热效果。

（2）蓄热体性能分析

蓄热体的蓄热性能参数影响因素较多，其中较主要的有储热结构的孔隙率或者说占孔比、换热面积、风速、结构形式等，下面主要考虑蓄热温度、蓄热时间、蓄热速率、蓄热均匀度、流体压力损失阻力等参数所带来的影响。

不同占孔比时蓄热体平均温度和温度变化速率如图 5-63 和图 5-64 所示。从图 5-63 和图 5-64 中可以看出，占孔比为 20% 的蓄热最快，初始设计模型和占孔比为 15% 的双通道模型蓄热最慢，15% 单通道、25% 单通道两个模型蓄热相差不多。

以空气入口流速 10m/s 为例，不同占孔比结构下的蓄热体压力损失见表 5-5，以占孔比 15% 为例，流速分别为 6m/s、8m/s 和 10m/s 时的蓄热体压力损失见

表 5-6。从表 5-5 和表 5-6 中可知：1）单通道压力损失相互间差别较小，但随着占孔比的增加，压力损失在减小；2）要远小于双通道压力损失，针对压力变化来说，选用单通道为宜；3）随风速的增加，蓄热通道的压力损失也相应增加。

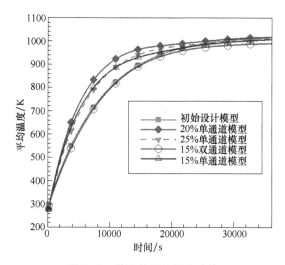

图 5-63　蓄热体平均温度变化

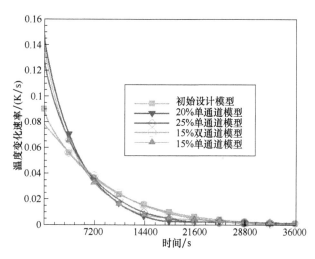

图 5-64　蓄热体平均温度变化速率

表 5-5　压力损失（$v=10\text{m/s}$）

模型工况	15%单通道模型	20%单通道模型	25%单通道模型	15%双通道模型
压力损失/Pa	219.44	199.59	182.93	914.63

表 5-6　压力损失（占孔比 15%）

风速/（m/s）	6	8	10
压力损失/Pa	83.59	144.22	219.44

　　蓄热体内不同部分的温度上升速率是不同的，这会引起蓄热体的温度差别，导致蓄热体蓄/释热温度分布的不均匀，通过统计学方法，统计出蓄热体蓄/释热过程中瞬时时刻的平均温度和标准偏差，见表 5-7 和如图 5-65 所示。

表 5-7　蓄热体蓄/释热过程中瞬时时刻的平均温度和标准偏差

15%单通道模型			20%单通道模型			25%单通道模型			15%双通道模型		
蓄热时间/s	平均温度/K	标准偏差/K	蓄热时间/s	平均温度/K	标准偏差/K	蓄热时间/s	平均温度/K	标准偏差/K	蓄热时间/s	平均温度/K	标准偏差/K
270	310	30.4	270	312	26.0	270	307	25.4	270	314	22.5
360	322	35.7	450	337	34.7	360	318	30.8	360	321	27.1
3600	625	127.5	2160	529	78.1	3600	609	97.5	1080	374	56.9
5400	726	138.2	4050	677	90.9	5400	712	100.5	2160	448	88.0
7200	797	137.0	6300	795	87.4	7200	788	95.8	3600	536	111.2
9000	849	129.0	7200	830	83.5	9000	845	87.8	5400	629	121.7
10800	885	119.0	8550	872	76.5	10800	887	78.4	7200	705	120.3
12600	910	106.0	10800	921	63.5	12600	917	68.2	9000	767	112.6
14400	928	93.0	14400	962	42.3	14400	939	58.0	10800	817	101.7
									12600	857	89.4
									14400	888	77.1

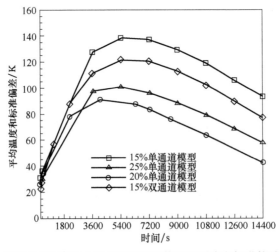

图 5-65　蓄热体蓄/释热过程中瞬时时刻的平均温度和标准偏差变化曲线

　　由图 5-65 可以看出，温度偏差最小的是占孔比 20%的蓄热体模型，最高的是占孔比 15%的双通道蓄热体模型。结合图 5-63 可以发现，蓄热温度上升越快，标准偏差反而越小。

　　温度的变化固然能体现出蓄热体结构的蓄放热性能，但模型面积不同，导致温度上升速率不同，通过对 4 个模型的换热模型的蓄热体换热面的热流密度取不同时刻的平均值，各模型热流密度随时间的变化曲线如图 5-66 所示。占孔比15%单通道和 20%单通道两个模型基本相同，也就是说同样面积下的两个模型的蓄热速率是相同的。占孔比 25%单通道模型较前两者低，占孔比 15%双通道模型曲线变化较平缓，在开始 1h 内平均热流密度小于前两个模型，随时间的增加，其平均热流密度高于前两个模型。通过比较，对于单通道模型，其占孔比越小，平均热流密度则越大。

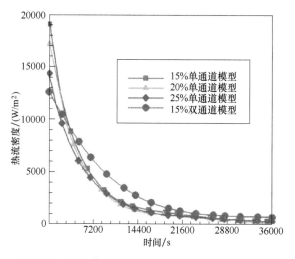

图 5-66　蓄热体各模型热流密度随时间的变化曲线

　　蓄热体换热面传热系数随时间变化，传热系数是蓄热体蓄热的性能参数之一，其受蓄热装置运行参数及几何结构的影响，如流体流动状态、温度分布、材料特性等多种因素的综合作用，其大小可以影响蓄热体的蓄热速率等，经过对 4种改进模型的换热面传热系数的统计数据，绘出各模型换热面传热系数的变化，分别如图 5-67 和图 5-68 所示。

　　由分析可知，对于同种蓄热体结构来说，蓄热体换热面的传热系数之间的差别小于不同种蓄热体之间的差别，如图 5-67 所示，15%双通道蓄热体模型在开始时传热系数较小，但后期要大于单通道蓄热体模型。风速对传热系数的影响也有类似的情况发生，在小风速下，初始蓄热差别不大，随着时间的增加，风速小而传热系数稍大。

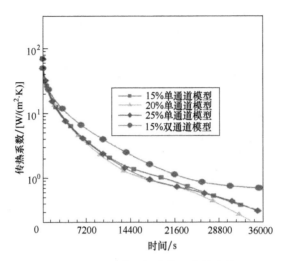

图 5-67　不同蓄热体传热系数的变化

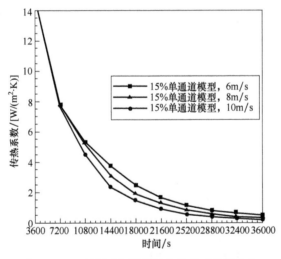

图 5-68　不同风速相同蓄热体传热系数的变化

综上所述，影响蓄热性能的因素较多，如气体流量、换热面积、风道长度、占孔比等，优化蓄热性能不是只考虑单个因素，应综合各影响因素来进行。对于同容量蓄热体，占孔比是较为重要的参数，它的变化影响到换热面积、换热风道的长度、流速分布、压力分布、空间体积等，从而对蓄热体的温度变化、气体流动、蓄热速率、压力损失、温度分布均匀性等产生影响，选择一个较佳的占孔比的蓄热体结构模型直接影响整个蓄热装置的性能，通过对模拟分析结果的综合考量，选择占孔比为 20%单通道模型较宜。

5.5　本章小结

本章介绍了解决固液相变问题（Stefan 问题）的基本解法以及常用的数值求解模型（显热容法模型和焓法模型），采用商业软件 ANSYS Fluent 对高温相变储热单元开展了二维热分析和三维热分析，描述传热介质与相变储热材料的控制方程包括连续性方程、动量方程、能量方程、融化/凝固模型、辐射模型，并且从流场分布、温度场分布、储/释热量以及储/释热功率等多角度评价了高温储热单元的储/释热性能，最后介绍了实际工程应用的高温相变蓄热体实际案例，有助于读者更全面地掌握以相变材料为储热介质的蓄热体仿真设计。

参 考 文 献

［1］　SINGH H, SAINI R P, SAINI J S. A review on packed bed solar energy storage systems ［J］. Renewable and Sustainable Energy Reviews, 2010, 14（03）: 1059-1069.

［2］　KHODADADI JM, ZHANG Y. Effects of buoyancy-driven convection on melting within spherical containers ［J］. International Journal of Heat and Mass Transfer, 2001, 44（08）: 1605-1618.

［3］　ASIS E, KATSMAN L, ZISKIND G, et al. Numerical and experimental study of melting in a spherical shell ［J］. International Journal of Heat and Mass Transfer, 2007, 50（09-10）: 1790-1804.

［4］　AMIN N A M, BRUNO F, BELUSKO M. Effective thermal conductivity for melting in PCM encapsulatedin a sphere ［J］. Applied Energy, 2014, 122（c）: 280-287.

［5］　李传, 孙泽, 丁玉龙. 高温填充床相变储热球的储热特性 ［J］. 储能科学与技术, 2013, 2（05）: 480-485.

［6］　陶文铨. 计算传热学的近代进展 ［M］. 北京: 科学出版社, 2000.

［7］　袁修干, 徐伟强. 相变蓄热技术的数值仿真及应用 ［M］. 北京: 国防工业出版社, 2013.

［8］　王泽鹏, 张秀辉, 胡仁喜. ANSYS12.0 热力学有限元分析从入门到精通 ［M］. 北京: 机械工业出版社, 2010.

［9］　周业涛, 关振群, 顾元宪. 求解相变传热问题的等效热容法 ［J］. 化工学报, 2004（09）: 1428-1433.

［10］　MORGAN K, LEWIS R W, ZIENKIEWICZ O C. An improved algrorithm for heat conduction problems with phase change ［J］. International Journal for Numerical Methods in Engineering, 1978, 12（07）: 1191-1195.

［11］　ANSYS FLUENT 20.1 Theory Guide ［Z］. ANSYS Inc.

［12］　CHAN K C, CHAO C Y H. A theoretical model on the effective stagnant thermal conductivity of an adsorbent embedded with a highly thermal conductive material [J]. International Journal of Heat and Mass Transfer. 2013, 65: 863-872.

[13] 胡思科, 周林林, 邢姣娇, 等. 圆形和椭圆形孔道固体蓄热装置蓄放热特性模拟 [J]. 热力发电, 2018, 47 (01): 42-49.

[14] 梁炬祥. 固体蓄热传热过程的模拟分析及实验研究 [D]. 合肥: 合肥工业大学, 2017.

[15] 葛维春, 邢作霞, 朱建新, 等. 固体电蓄热及新能源消纳技术 [M]. 北京: 中国水利水电出版社, 2018.

第6章

6

高温储热系统的研制与实验研究

高温储热系统是解决能源供应在时间与空间上不匹配问题的有效手段，在完成了储热材料选择、储热单元研制等工作的基础上，本章将从系统方案设计、加热储热单元研制、主要部件选型、配电与控制、系统储释热实验等方面，对高温储热系统的研制过程进行介绍，并讲述高温储热系统的实验研究。

6.1 高温储热系统简介

6.1.1 高温储热系统原理

高温相变储热系统按其加热方式，可分为嵌入式加热系统和分离式加热系统，具体如图 6-1 和图 6-2 所示。

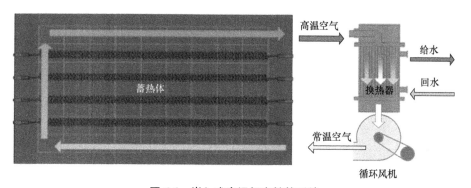

图 6-1 嵌入式高温相变储热系统

（1）嵌入式加热系统

在嵌入式加热系统中，加热元件嵌入蓄热材料内。储热时，嵌入在蓄热材料内的电加热元件采用电阻加热原理，将电能转化为热能储存在蓄热体中。释热时，循环风机将低温空气送入蓄热体中，空气以对流换热的方式吸收热量形成高温空气，蓄热体出口高温空气进入换热装置进行换热，实现对用户供热，冷却至安全温度后进入风机，形成一个释热循环。

嵌入式加热系统适用于谷电加热或清洁能源电力加热等以电为加热能源的场景，其优点是结构紧凑，缺点是加热元件与高温储热材料间容易出现绝缘失效问题。

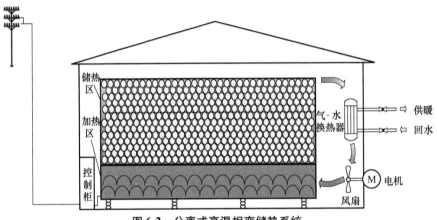

图6-2 分离式高温相变储热系统

（2）分离式加热系统

在分离式加热系统中，加热区与储热区分开布置。储热时，循环风机将空气送入系统，首先通过电加热设备将空气工质加热至一定的温度，携带热能的高温空气进入蓄热体，将热量储存于蓄热体中。释热时，电加热设备停止工作，循环风机将低温空气送入蓄热体中，空气吸收热量形成高温空气进入换热装置进行换热，实现对用户供热，冷却至安全温度后进入循环风机，形成一个释热循环。

分离式加热系统除了适用于谷电加热或清洁能源电力加热等以电为加热能源的场景外，还可兼顾工业高温废热的应用场景，其体积大于嵌入式系统，优点是加热元件与高温储热材料间不直接接触，没有绝缘问题。

嵌入式加热系统与分离式加热系统的各部件选型设计方法基本相同。为兼顾谷电加热及工业高温废热的应用场景，且考虑到高温复合相变材料的绝缘性能，高温复合相变储热系统一般采用分离式加热系统，作为储热介质的高温相变储热单元与加热单元分开设置。如采用嵌入式加热系统，则需考虑用绝缘性能良好的材料分隔储热材料与加热元件。

6.1.2 设计基本原则

1. 主要设计参数

主要设计参数及物理意义见表6-1。

表 6-1　主要设计参数及物理意义

设 计 参 数	物 理 意 义
加热功率	装置储热过程的电加热元件电功率
储热量	装置储热阶段储存的热量总和
释热量	装置放热阶段放出的可有效利用的热量总和
储热温度范围	蓄热体最低释热温度至最高储热温度
风机风量	满足系统热平衡所需的最高流量
换热器功率	气-水换热器的换热功率
系统热效率	释热量与系统输入电量之比

2. 设计依据标准

高温储热系统设计依据标准见表 6-2。

表 6-2　高温储热系统设计依据标准

标 准 号	标 准 名 称
GB 50736—2012	《民用建筑供暖通风与空气调节设计规范》
GB/T 3994—2013	《粘土质隔热耐火砖》
GB/T 3995—2014	《高铝质隔热耐火砖》
GB/T 3003—2017	《耐火纤维及制品》
GB/T 151—2014	《热交换器》
GB/T 10180—2017	《工业锅炉热工性能试验规程》
NB/T 47034—2013	《工业锅炉技术条件》
GB/T 28056—2011	《烟道式余热锅炉通用技术条件》
GB 50017—2017	《钢结构设计标准》
GB 50273—2009	《锅炉安装工程施工及验收规范》
GB 50126—2008	《工业设备及管道绝热工程施工规范》
GB 50242—2002	《建筑给水排水及采暖工程施工质量验收规范》
GB 50205—2017	《钢结构工程施工质量验收规范》
GB/T 50065—2011	《交流电气装置的接地设计规范》
JGJ 16—2008	《民用建筑电气设计规范》
GB 50052—2009	《供配电系统设计规范》
GB 50054—2011	《低压配电设计规范》
GB 50217—2007	《电力工程电缆设计规范》
GB 50016—2014	《建筑设计防火规范》

（续）

标 准 号	标 准 名 称
GB 50189—2015	《公共建筑节能设计标准》
GB/T 3797—2016	《电气控制设备》
GB/T 4238—2015	《耐热钢钢板和钢带》
GB 7251.1—2013	《低压成套开关设备和控制设备　第1部分：总则》
GB 7251.12—2013	《低压成套开关设备和控制设备　第2部分：成套电力开关和控制设备》
GB/T 7251.10—2014	《低压成套开关设备和控制设备　第10部分：规定成套设备的指南》
JG/T 299—2010	《供冷供热用蓄能设备技术条件》
GB 3096—2008	《声环境质量标准》

6.1.3　设计流程

高温储热系统的设计主要包含电加热单元、储热单元、换热单元、循环动力单元[1-2]，各部分的参数间存在相互影响和制约，高温储热系统热力计算及设计流程如图6-3所示。

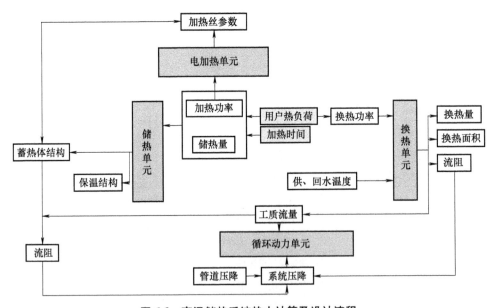

图6-3　高温储热系统热力计算及设计流程

1）设计依据：首先以用户热负荷和加热时间为输入条件，确定加热功率、储热量、换热功率。

2）电加热单元设计：以加热功率为输入条件，计算电加热单元的加热丝参数。

3）储热单元设计：以加热功率、储热量作为输入条件，对储热单元的蓄热体保温结构进行设计。

4）换热单元设计：以换热功率、供回水温度为输入条件，计算换热量、换热面积、工质流量、流阻等参数。

5）循环动力单元设计：以工质流量、系统压降为输入条件，进行循环动力单元选型，主要有热空气循环系统和水循环系统。其中，热空气循环系统压降主要包括换热单元流阻、蓄热体流阻、管道压降等。

6.2　高温储热系统的研制

高温储热系统的设计，一般以用户侧设计条件为目标，依据储热系统相关设计标准及储热材料的物性参数，进行核心部件储热单元的设计，并据此开展关键部件参数选型。

6.2.1　储热单元

在一个完整的蓄热-放热周期内，储热单元储存的热量，需满足高温储热系统在电加热单元非加热时段内的供热需求，且放热速率和供热温度应基本保持稳定。储热单元的设计参数主要包括热负荷、加热功率、储热量等。高温储热单元结构如图 6-4 所示。

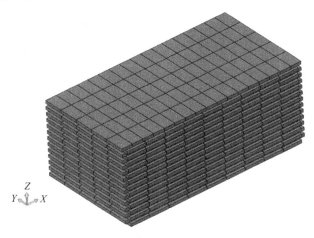

图 6-4　高温储热单元结构

（1）热负荷计算

高温储热系统设计的热负荷应结合工程所在地的气象条件进行计算。供热对象为工业园区时，热负荷值 W 根据工业具体需要确定；供热对象为建筑供暖时，可参考附录 F 中的取值[3]。蓄热装置供热时间段内所需的热量可按下式进行计算：

$$W = \sum Q_i \times t_i \tag{6-1}$$

式中，Q_i 为蓄热装置供热各时间段的热负荷，单位为 kW；t_i 为蓄热装置供热各时间段的时间，单位为 h。

（2）加热功率计算

加热功率由总热负荷和加热时间决定。

$$P = \frac{W}{t} \tag{6-2}$$

式中，W 为总热负荷，单位为 kWh；t 为加热时间，一般对应当地的谷电时长，单位为 h。

（3）储热量计算

系统储热量应满足非加热时段的供热负荷需求。如全天 24h 供热功率一致，储热量可按下式进行计算：

$$Q = \frac{W(24-t)}{24} \tag{6-3}$$

具体设计计算流程及示例，可参考本书 4.2 章节中的相应内容。

6.2.2　电加热单元

系统蓄热时，电加热单元的功率应满足在设计蓄热时段内的蓄热量要求，当蓄热和供热同时进行时，电加热单元的功率应同时满足蓄热和供热负荷的需要。

6.2.2.1　电加热单元材料的选择

在工业实践中，电加热单元材料一般选择电热合金，主要包括两大类：一类是铁素体组织的铁铬铝合金，另一类是奥氏体组织的镍铝合金。这两类合金由于组织、结构等的不同，性能和适用场合也不尽相同。在实际应用中，应综合考虑工作温度范围、电阻率、高温下的腐蚀和绝缘性能、寿命、成本等因素进行选择。

6.2.2.2　电加热单元参数设计

电加热单元的设计参数主要包括加热丝总长度、结构参数等。

（1）加热丝总长度

加热丝总长度一般可根据加热功率、电压、电加热丝材料电阻率及温度修正系数、加热丝横截面积等参数进行计算：

$$L = \frac{U^2 A}{C_t \rho P} \tag{6-4}$$

式中，U 为加热丝的电压，单位为 V；P 为加热丝的加热功率，单位为 W；ρ 为加热丝材料的电阻率，单位为 $\Omega \cdot m$，通常取 20℃ 时的电阻率，随着温度的升高，材料的电阻率也随之变化，可引入该材料的电阻率温度修正系数进行修正；C_t 为温度修正系数；A 为加热丝的横截面积，单位为 m^2。

（2）加热丝结构参数

加热丝结构参数包括加热丝直径（丝径）、发热区长度、节距（两圈螺旋之间的中心距）、螺旋外径等。加热丝结构参数示意图如图 6-5 所示。

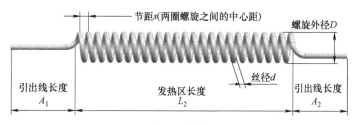

图 6-5　加热丝结构参数示意图

加热丝直径 d 一般可根据使用温度、预期寿命等条件进行选择；加热丝节距 s 通常根据工程经验进行选择；螺旋外径 D 与加热丝直径 d 之间有一定的比例，通常按工程经验进行选择。加热丝的线圈数 N 可按下式进行计算后取整：

$$N = \frac{L_1}{2\pi(D-d)} \tag{6-5}$$

式中，L_1 为单根加热丝的长度。

发热区长度 L_2 可由下式进行计算：

$$L_2 = sN \tag{6-6}$$

将发热区长度 L_2 与蓄热体风道尺寸进行对比，并调整参数直到可满足使用要求。

结构参数确定后，还需要对表面负荷进行核算，确保使用安全。

具体设计计算流程及示例，可参考本书 4.3.1 章节中的相应内容。

6.2.3　换热单元

高温储热系统循环空气通过水/空气换热器将热量传递给供暖用水，保证供暖用水出口温度可达到指定温度，并且温度稳定。为了获得稳定的热水出口温度，可以对水/空气换热器的入口循环风量进行调节，对于不同的换热器来说，所调节的流量需要依据换热器的换热能力进行计算分析，流量随着换热量的减少而减少。

6.2.3.1 换热器结构形式

由于不同换热器的工作原理、结构以及其中工作的流体种类、数量等差别很大，为研究和讨论方便，通常根据其某个特征进行分类，其中，最常见的分类方法是根据传热表面结构特点分为管式（套管式、管壳式、蛇管式）、板式、扩展表面式（板翅式、翅片管式）、蓄热式等[4,5]，其中，管式换热器和板式换热器是工程中应用的两种重要的换热器类型，由于结构的不同，两者有不同的特点及适用范围。板式换热器具有较高的换热系数，且结构紧凑，但其耐受的工作温度及压力较低，一般工作温度在260℃以内，工作压力在2.5MPa以下，难以满足高温储热系统的要求。管式换热器制造容易、生产成本低、选材范围广、清洗方便、适应性强、处理量大、工作可靠，且能适应高温高压。虽然它在结构紧凑性、传热强度方面逊色于板式和板翅式换热器，但由于前述一些优点，其在化工、石油、能源等行业的应用中仍处于主导地位。

管壳式换热器是将管与管板连接，用壳体固定。其形式有固定管板式、U型管式、浮头式及套管式等。在设计的过程中，可根据介质的种类、压力、温度、污垢、造价、维修检查方便等情况，选择各种类型的管壳式换热器。

固定管板式换热器将管子两端固定在壳体内两端的固定管板上，于管板处与壳体连接在一起。这种形式的换热器结构简单、重量轻，壳程相同的条件下管排数较多，但壳程无法检修、清洗，适用于不易结垢的流体工质。当管程与壳程温差过大时会产生热膨胀，使管子与壳体接口脱离而发生泄漏，因此需要设置膨胀节。具有膨胀节的固定管板式换热器如图6-6所示。

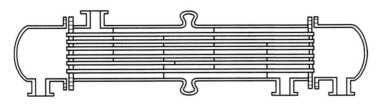

图6-6　具有膨胀节的固定管板式换热器

U型管式换热器的管束由U字形弯管组成，管子两端固定在同一块管板上，弯曲端不进行固定，使每根管子具有伸缩的余地而不影响其他管子和壳体。该换热器清洗时可将管束抽出，方便清洗，但清洗管内稍加困难。该换热器的缺点是U型管束中心部分空间对热交换效率有一定的影响。U型管式换热器如图6-7所示。

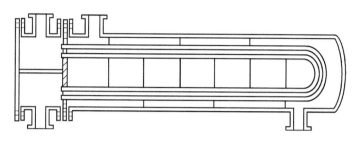

图 6-7　U 型管式换热器

浮头式换热器的两端管板只有一端通过法兰与壳体进行固定连接（固定端），另一端管板不与壳体固定而可进行相对滑动（浮头端）。在这种换热器中，管束的热膨胀不受壳体约束，壳体与管束之间不会因膨胀差异而产生热应力。清洗时，仅将整个管束从固定端抽出即可进行清洗。浮头式换热器的主要缺点是浮头与管板法兰之间连接有相当大的面积，壳体直径增大，在管束和壳体之间形成了阻力较小的环形通道，部分流体由此旁通而不参加换热过程。对于壳程与管程温差大、腐蚀性强、易结垢的换热流体，浮头式换热器具有较好的适应性。此外，浮头式换热器结构复杂、金属消耗量大。浮头式换热器如图 6-8 所示。

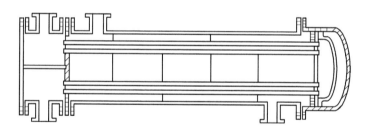

图 6-8　浮头式换热器

综合考虑换热器的使用条件、换热效率等因素，高温储热系统中应用最广的是固定管板式换热器。

6.2.3.2　换热器传热计算模型

管壳式换热器壳程内的支撑结构为折流板时，壳程流体的流动为平行流和叉流的耦合，流动情况相当复杂，精准计算其传热量和压降十分困难。在换热器的设计过程中，需通过反复多次的结构修正和性能迭代计算，才能一步步逼近合理的设计目标。

进行管壳式换热器校核性设计计算时，需依次确定下述参数：

1）确定传热表面几何特性。

2）确定流体物性参数。

3）雷诺数。

4）由传热表面的基本特征确定 j 和 f，计算求得对流表面传热系数。

5）总传热系数。

6）NTU 和换热器效率。

7）出口温度和换热量。

8）压降。

设计条件包括设计功率、热空气进出口温度、水侧进出口温度等。

换热器设计过程认为传热是稳态的，采用稳态传热方程：

$$Q = KA\Delta T \tag{6-7}$$

式中，Q 为冷热流体的换热量，单位为 kW；K 为冷热流体间的总传热系数，单位为 W/（$m^2 \cdot$ ℃）；A 为换热器的换热面积，单位为 m^2；ΔT 为冷热流体的平均温差，单位为℃。

对于多管程的列管式换热器，需要在完全逆流的对数平均温差条件下用温差修正系数进行修正，此时的平均温差计算公式如下

$$\Delta T = Ft\Delta T_{lm} \tag{6-8}$$

一般温差校正系数是管程数、壳程数以及两侧冷热流体进出口温度的函数，可采用两个无量纲数对温差校正系数进行计算：

$$R = \frac{th_{in} - th_{out}}{tc_{out} - tc_{in}} \tag{6-9}$$

$$S = \frac{tc_{out} - tc_{in}}{th_{in} - tc_{in}} \tag{6-10}$$

$$Ft = \frac{\sqrt{R^2+1}\ln\left(\dfrac{1-S}{1-RS}\right)}{(R-1)\ln\left[\dfrac{2-S(R+1-\sqrt{R^2+1})}{2-S(R+1+\sqrt{R^2+1})}\right]} (R \neq 1) \tag{6-11}$$

$$Ft = \frac{S\sqrt{2}}{1-S\ln\left[\dfrac{2-S(2-\sqrt{2})}{2-S(2+\sqrt{2})}\right]} (R=1) \tag{6-12}$$

传热过程总的传热系数包括通过管程流体的对流传热系数、通过壳程的对流传热系数以及考虑换热管内外污垢热阻以及换热管壁的热阻。以换热圆管外表面积作为换热面积计算的标准，换热器的总换热系数 K_O 可用下式计算：

$$K_O = \cfrac{1}{\cfrac{1}{h_i}\cfrac{d_o}{d_i} + r_{s,i}\cfrac{d_o}{d_i} + \cfrac{d_o}{\lambda_i}\ln\left(\cfrac{d_o}{d_i}\right) + r_{s,o} + \cfrac{1}{h_o}} \tag{6-13}$$

式中，h_i 为管程流体的对流传热系数，单位为 $W/(m^2 \cdot ℃)$；d_i 为换热圆管内直径，单位为 m；λ_i 为换热圆管材料的导热系数，单位为 $W/(m^2 \cdot ℃)$；h_o 为管外循环水流的对流换热系数，单位为 $W/(m^2 \cdot ℃)$；d_o 为换热管外直径，单位为 m；$r_{s,i}$ 为空气污垢热阻，单位为 $m^2 \cdot K/W$；$r_{s,o}$ 为水垢热阻，单位为 $m^2 \cdot K/W$。

冷、热流体为低黏度流体，且管程流体通常为湍流，忽略壁温对流体黏度的影响，可采用 Sieder-Tate 公式计算管程流体传热膜系数：

$$h_t = CRe_t^{0.8} Pr_t^{0.33} \left(\frac{\mu}{\mu_w}\right)^{0.14} \frac{k_t}{d_{in}} \tag{6-14}$$

其中，当管程流体为气体时，$C = 0.021$；当管程流体为非黏性液体时，$C = 0.023$；当管程流体为黏性液体时，$C \approx 0.027$。

采用 Bell-Delaware 法计算壳程流体传热膜系数，计算过程全部采用公式计算，避免了查阅图表的麻烦，同时方便在计算机上编写程序进行计算。

$$h_s = h_{oc} J_c J_l J_b J_s J_r \tag{6-15}$$

式中，h_{oc} 是理想状况下流体流经管束的传热膜系数；J_c 是由于折流板结构影响的修正因子；J_l 是由于折流板漏流相关的修正因子；J_b 是由于换热管束旁流相关的修正因子；J_s 是由于进出口部分折流板间距不同相关的修正因子；J_r 是在层流过程中由于温度梯度影响的修正因子。

假定换热器进、出口的折流板间距等于中心折流板的间距，所以 $J_s = 1$；同时，壳程流体认为是湍流流动，所以 $J_r = 1$。

折流板漏流相关的修正因子：

$$J_l = \alpha + (1-\alpha) \exp\left(-2.2 \frac{S_{sb}+S_{tb}}{S_m}\right) \tag{6-16}$$

$$\alpha = 0.44 \left(1 - \frac{S_{sb}}{S_{sb}+S_{tb}}\right) \tag{6-17}$$

S_{sb} 是由于壳体与折流板间隙漏流的面积：

$$S_{sb} = 0.667 \pi D_s \delta_{sb}/2 \tag{6-18}$$

式中，D_s 是壳体直径，与换热器的封头类型相关；δ_{sb} 是壳体与折流板之间的间隙大小。

$$D_s = 1.007 Dotl + 0.087 \text{ 可抽式浮头}$$
$$D_s = 1.025 Dotl + 0.044 \text{ 衬垫式浮头}$$
$$D_s = Dotl + 0.039 \text{ 填料面式浮头}$$
$$D_s = 1.010 Dotl + 0.008 \text{ 固定管板结构}$$

Dotl 是管束的外极限直径：

$$Dotl = d_{out} \left(\frac{nt}{k_1}\right)^{\frac{1}{n_1}} \tag{6-19}$$

式中，参数 k_1 和 n_1 与管子排布方式和管程数有关；nt 是管子数目，见表6-3。

表6-3　参数 k_1 和 n_1 数值表

管程数	k_1		n_1	
	三角形错排	正方形线性排布	三角形错排	正方形线性排布
1	0.319	0.215	2.142	2.207
2	0.249	0.156	2.207	2.291
4	0.175	0.158	2.285	2.263
6	0.0743	0.0402	2.499	2.617
8	0.0365	0.0331	2.675	2.643

S_{tb} 是折流板与换热管的间隙发生漏流的面积：

$$S_{tb} = 0.25\pi d_{out}\delta_{tb}nt(1+Fc) \tag{6-20}$$

式中，δ_{tb} 是换热管与折流板之间的间隙大小。

Fc 是交叉流中管子数占总管子数的比例：

$$Fc = \frac{1}{\pi}\{\pi+2\lambda\sin[\arccos(\lambda)]-2[\arccos(\lambda)]\} \tag{6-21}$$

$$\lambda = \frac{0.5D_s}{X_1}$$

式中，X_1 是纵向管间距。当管子排布方式是三角形错排时 $X_1 = \frac{\sqrt{3}}{2}p_t$，当管子排布方式是正方形线性排布时 $X_1 = p_t$，p_t 是管间距。

S_m 是壳程自由流动面积：

$$S_m = ls\left[D_s - Dotl + \frac{(p_t+d_{out})(Dotl-d_{out})}{p_t}\right] \tag{6-22}$$

式中，ls 是折流板间距，与管长和折流板数目相关：

$$ls = \frac{lt}{nb+1} \tag{6-23}$$

折流板结构相关的修正因子：

$$J_c = Fc + 0.54(1-Fc)^{0.345} \tag{6-24}$$

管束旁流相关的修正因子：

$$J_b = \exp(-0.3833Fsbp) \tag{6-25}$$

$Fsbp$ 是由于旁流影响交叉流面积所占的比例：

$$Fsbp = \frac{ls(D_s-Dotl+0.5np\cdot wp)}{S_m} \tag{6-26}$$

式中，np 是流路通道隔板数；wp 是旁路通道宽度。

理想状况下流体流经管束的传热膜系数为

$$h_{oc} = \frac{jiCp_s m_s}{S_m}\left[\frac{k_s}{Cp_s \mu_s}\right]^{\frac{2}{3}} \qquad (6\text{-}27)$$

式中，m_s 是壳程流体质量流量；k_s 是壳程流体导热系数；Cp_s 是壳程流体比热容；μ_s 是壳程流体黏度。

ji 是 Colburn 因子，其中经验参数 a_1，a_2，a_3，a_4 见表 6-4。

$$ji = a_1 1.064^a (Re_s)^{a_2} \qquad (6\text{-}28)$$

$$a = \frac{a_3}{1 + 0.14(Re_s)^{a_4}} \qquad (6\text{-}29)$$

表 6-4　经验参数 a_1，a_2，a_3，a_4 和 b_1，b_2，b_3，b_4

管子排布	Re	a_1	a_2	a_3	a_4	b_1	b_2	b_3	b_4
三角形错排	<10	1.400	−0.667	1.450	0.519	48.00	−1.000	7.00	0.50
	$10 \sim 10^2$	1.360	−0.657	1.450	0.519	45.10	−0.937	7.00	0.50
	$10^2 \sim 10^3$	0.593	−0.477	1.450	0.519	4.570	−0.476	7.00	0.50
	$10^3 \sim 10^4$	0.321	−0.388	1.450	0.519	0.486	−0.152	7.00	0.50
	$10^4 \sim 10^5$	0.321	−0.388	1.450	0.519	0.372	−0.123	7.00	0.50
正方形线性排布	<10	0.970	−0.667	1.187	0.370	35.00	−1.000	6.30	0.38
	$10 \sim 10^2$	0.900	−0.631	1.187	0.370	32.10	−0.963	6.30	0.38
	$10^2 \sim 10^3$	0.408	−0.460	1.187	0.370	6.090	−0.602	6.30	0.38
	$10^3 \sim 10^4$	0.107	−0.266	1.187	0.370	0.0815	0.022	6.30	0.38
	$10^4 \sim 10^5$	0.370	−0.395	1.187	0.370	0.391	−0.148	6.30	0.38

6.2.3.3　换热器压降计算

流体流经管程时的压降主要有两部分，一是流经直管段时与管壁摩擦导致的阻力损失，二是进出口接管段由于流体突然收缩或者膨胀引起的阻力损失。

$$\Delta P_t = \rho_t \left[\frac{2\mathrm{ntp}\, fi_t l_t u_t^2}{d_{in}} + 1.25\mathrm{ntp}\, u_t^2\right] \qquad (6\text{-}30)$$

式中，ntp 是管程数；u_t 是管程流体流速；l_t 是管长。

fi_t 是管程的范宁摩擦因子：

$$fi_t = 0.079/Re_t^{0.25} \qquad (6\text{-}31)$$

壳程压降的计算采用 Bell-Delaware 法，与壳程的传热计算过程类似，考虑漏流和旁流影响。壳程的流动状况十分复杂，压降也难以预测，可以将壳程流体压降分为三部分：一是管束中交叉流部分的压降 ΔP_{cr}；二是折流板缺口处的压降 ΔP_w；三是壳程进口和出口部分的压降 ΔP_{i-o}。

$$\Delta P_s = \Delta P_{cr} + \Delta P_w + \Delta P_{i-o}$$

$$= 2\Delta P_{bi}\left(1 + \frac{Ncw}{Nc}\right)R_b + (nb-1)\Delta P_{bi}R_bR_1 + nb\Delta P_{wi}R_1 \qquad (6-32)$$

ΔP_{bi} 是理想条件下流体流经管排的压降：

$$\Delta P_{bi} = \frac{2fi_sNcm_s^2}{\rho_sS_m^2} \qquad (6-33)$$

式中，fi_s 是壳程流体的范宁因子。经验参数 b_1，b_2，b_3，b_4 见表6-4。

$$fi_s = b_1 1.064^b Re_s^{b_2} \qquad (6-34)$$

$$b = \frac{b_3}{1 + 0.14Re_s^{b_4}} \qquad (6-35)$$

Nc 是交叉流界面的管排数：

$$Nc = 0.5D_s/X_t \qquad (6-36)$$

Ncw 是折流板缺口处有效的管排数：

$$Ncw = 0.2D_s/X_1 \qquad (6-37)$$

R_b 是由于旁路影响的修正系数：

$$R_b = \exp(-1.345Fsbp) \qquad (6-38)$$

R_1 是由于漏流影响的修正系数：

$$R_1 = \exp\left[-1.33\left(1 + \frac{S_{sb}}{S_{sb} + S_{tb}}\right)\left(\frac{S_{sb} + S_{tb}}{S_m}\right)^k\right] \qquad (6-39)$$

$$k = -0.15\left(1 + \frac{S_{sb}}{S_{sb} + S_{tb}}\right) + 0.8 \qquad (6-40)$$

ΔP_{wi} 是理想条件下流体流经折流板的缺口处的压降：

$$\Delta P_{wi} = (2 + 0.6Ncw)\frac{m_s}{2S_mS_w\rho_s} \qquad (6-41)$$

S_w 是折流板窗口区流动面积：

$$S_w = \frac{1.038D_s}{4} - \frac{\pi d_{out}nt(1-Fc)}{8} \qquad (6-42)$$

6.2.4　循环动力单元

风机是高温储热系统的空气动力来源，其需满足不同工作状态下不同的循环空气流量需求，且具有较高的可靠性和安全性。常见的风机按照风流动的方向可分为离心式、轴流式、混流式、横流式四类，高温储热系统中常用的风机类型为离心式风机。

6.2.4.1　工作原理与组成

离心式风机主要由叶轮、机壳、机轴、吸气口、排气口、轴承、底座等部件组成。叶轮高速旋转时产生的离心力使流体获得能量，即流体通过叶轮后，压能和动能都得到提高，从而能够被输送到高处或远处。叶轮装在一个螺旋形的外壳内，当叶轮旋转时，流体轴向流入，然后转 90°进入叶轮流道并径向流出。叶轮连续旋转，在叶轮入口处不断形成真空，从而使流体连续不断地被风机吸入和排出。

6.2.4.2　工艺参数要求

风机选型依据主要考虑系统所需最高流量及压力损失。风机流量需满足各种运行模式下储热换热装置的额定换热要求，并能根据工况进行调节。

风机流量可根据换热器能量平衡由下式进行计算：

$$F = \frac{P}{(T_{in}c_{p,in} - T_{out}c_{p,out})} \tag{6-43}$$

式中，P 为换热器功率，单位为 kW；T_{in} 为换热器进口空气温度，单位为℃；T_{out} 为换热器出口空气温度，单位为℃；$c_{p,in}$ 为换热器进口空气比热容，单位为 kJ/（kg·K）；$c_{p,out}$ 为换热器出口空气比热容，单位为 kJ/（kg·K）。

压力损失为蓄热换热腔体压降、电加热器装置的压降、换热器压降、管路压降之和。

6.2.4.3　设备选型

高温风机适用于输送不含腐蚀性、不自燃、温度不超过 250℃的高温气体，若气体含尘量较大，应在风机进风口前装备除尘效率不低于 85%的除尘装置，以提高风机的使用寿命。凡进气条件相当，性能相适应者均可选用。该风机可制成左、右旋转两种形式，从电动机一端正视，如叶轮按顺时针方向旋转称右旋风机，以"右"表示；按逆时针方向旋转称左旋风机，以"左"表示。风机的出口位置一般制成 90°，也可按用户要求设计制造。风机的传动为 C 式和 D 式，C式和 D 式分别代表带轮传动和联轴器传动。结构特点风机主要由叶轮、机壳、传动组、调节门等部分组成。叶轮由耐高温材料焊接制成，并经过静动平衡校正，空气性能良好，效率高，运转平稳可靠。机壳用耐高温材料制成蜗壳型整体。进风口用耐高温材料制成敛散式流体型整体，装于风机的侧面，与轴向平行的截面为曲线形状，能使气体顺利进入叶轮且损失较小。传动部分由主轴（耐高温材料制成）、轴承箱、滚动轴承、带轮或联轴器组成，滚动轴承经两套水冷装置，冷却可靠。

6.2.5 保温结构设计

6.2.5.1 保温材料

常用的保温材料按其成分可分为有机隔热保温材料、无机隔热保温材料。它们各具有以下特点。

（1）有机隔热保温材料

有机隔热保温材料主要有聚氨酯泡沫、聚苯板、酚醛泡沫等。它具有重量轻、可加工性好、致密性高、保温隔热效果好的优点，同时存在易老化、变形系数大、稳定性差、安全性差、易燃烧、生态环保性差、施工难度大、工程成本较高的缺点，且其资源有限，难以循环再利用，一般多用于墙体保温。但由于有机隔热保温材料不具备安全的防火性能，尤其是燃烧时产生毒气，此类材料的使用在发达国家早已被限制在极小的应用领域。

（2）无机隔热保温材料

无机隔热保温材料主要集中在气凝胶毡、玻璃棉、岩棉、膨胀珍珠岩、微纳隔热、发泡水泥、无机活性墙体保温材料等具有一定保温效果的材料，能够达到A级防火。

由于高温储热系统工作温度较高，为了保证其具有良好的防火等级，一般采用无机隔热保温材料。在无机隔热保温材料的选择上，由于岩棉的生产施工对人体有害，并考虑保温材料的经济性，高温储热系统中一般选热硅酸铝作为隔热保温材料。

6.2.5.2 保温设计计算

电加热装置的保温要求，一般是单个运行周期内的漏热量不高于储热容量的5%，且外表面最高温度不应高于环境温度20℃。

先假设装置外壁温度为 t_{n+1}。

根据假设温度 t_{n+1}、环境温度 t_n 和以下装置外壁对大气的散热系数公式计算出装置对外散热系数。

根据《管式加热炉》设计手册，装置外壁对大气的散热系数包括对流散热系数 α_{nC} 和辐射散热系数 α_{nR} 两部分，即 $\alpha_n = \alpha_{nC} + \alpha_{nR}$。

其中辐射传热系数 α_{nR} 一般按照下式计算：

$$\alpha_{nR} = \frac{4.9\varepsilon\left[\left(\dfrac{t_{n+1}+273}{100}\right)^4 - \left(\dfrac{t_n+273}{100}\right)^4\right]}{t_{n+1}-t_n} \tag{6-44}$$

式中，ε 为装置外表面的黑度，对于一般涂深色油漆或被氧化了的钢板外表面，可取 0.8；t_{n+1} 为装置外壁温度，单位为℃；t_n 为大气温度，单位为℃。

工程上一般采用下列经验公式计算对流传热系数：

$$\alpha_{nC} = A \sqrt[4]{t_{n+1} - t_n} \qquad (6\text{-}45)$$

式中，A 与装置表面所处的位置有关系：

竖直散热表面（如装置侧面）$A = 2.2$

散热面朝上（如装置顶部）$A = 2.8$

散热面朝下（如装置底部）$A = 1.4$

根据以下公式计算出散热密度 q：

$$q = \frac{(t_1 - t_n)}{\left(\dfrac{1}{\alpha_n} + \sum \dfrac{\delta}{\lambda}\right)} \qquad (6\text{-}46)$$

式中，t_1 为炉内温度，单位为℃；t_n 为大气环境温度，单位为℃；$\sum \dfrac{\delta}{\lambda}$ 为耐火材料厚度与导热系数的比值。

重新核算装置外壁温度 t_{n+1}，多次核算直到假设值和计算值一致，最终得到保温材料的厚度和材料的导热系数。并由此计算 1 个周期的漏热量，确保不高于储热容量的 5%。

6.2.6 系统运行控制策略

高温相变储热系统以负荷侧供给温度、流量为运行控制目标，结合配电网峰谷特征、分布式能源电力特征、高温相变储热调峰热站、电力系统交易机制等多目标协调和预测为主，实现冷热运行优化运行。

6.2.6.1 高温相变储热系统的工艺描述

高温相变储热系统包括电能转换成热能、热能储存、热能释放、热量输出四个步骤。图 6-9 所示为高温相变储热系统的工艺流程图，工作过程分为储热过程和释热过程。

储热过程：谷电时段采用 10kV/380V 电源，电能通过电加热元件将热量储存在储热介质内，储热温度可达 700℃以上，其中，储热介质为高温相变储热砖和镁砖混合材料。通过热电偶测温实现加热电源开关开启。

释热过程：平电时段或峰电时段，循环风机在变频器的调控下开始工作，将低温空气送入蓄热电锅炉本体，空气与蓄热电锅炉本体内的储热介质发生热交换形成高温热空气，热空气或进入余热蒸汽锅炉将冷水加热为饱和蒸汽，将蒸汽输送给用户使用；热空气或进入气/水换热器将冷水加热为热水，将热水输送给用户使用热空气或进入气/油换热器将导热油升温后，输送给用户使用。根据用户侧需求由运行人员按调度指令进行投切控制。也可根据用户侧介质供给温度、流量设定目标，采用风机变频自动调节方式，实现自动控制。

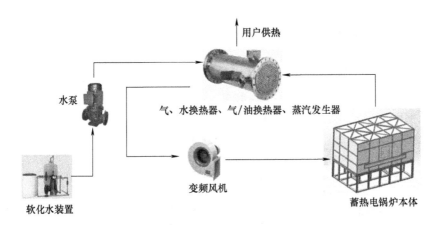

图 6-9 高温相变储热系统的工艺流程图

6.2.6.2 控制系统的组成

高温相变储热系统控制分为本地控制系统和远程云端监控系统，如图 6-10 所示。

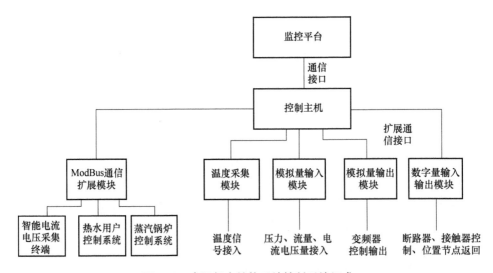

图 6-10 高温相变储热系统控制系统组成

（1）本地控制系统

本地控制系统由温度/压力/流量等检测仪表、控制柜、人机界面、监控系统、RS 485 远程数据输送接口等组成。

温度/压力/流量等检测仪表包括蓄热炉本体内的热电偶、供热管路压力、供热管路温度、供热管路流量、10kV/380V 电源电压/电流等。

控制柜由数据处理器、模拟量输入/输出模块、数字量输入/输出模块以及其他采集模块组成，是整个控制系统的核心元件。通过 RS 485 等通信接口方式，将数据传输至上一级监控平台，同时接收上一级监控平台的指令。

人机界面是控制柜中操作人员与设备交互的主要途径，采用菜单操作，可完成设备状态监控、数据查看、参数设定、故障记录、数据报表等功能。

模拟量/数字量输入/输出模块主要用于采集系统内的工艺参数，同时将指令下传至系统内的设备，上传至上一级监控平台。

（2）远程云端监控系统

远程云端监控系统通过远程 Web 浏览访问本地设备，进行开关机及故障诊断等工作，方便运行维护。

远程云端监控系统可根据用户需要对设备状态及参数进行监视，同时对设备进行参数设定操作。

利用互联网技术将本地数据上传至远程监控云平台上，在平台上由厂家统一进行数据监控及信息维护，可极大地提高设备运行的安全性，同时降低设备的本地运营成本。

6.2.6.3　高温相变储热系统控制流程

高温相变储热系统控制流程分为储热过程和释热过程。

纯储热过程控制流程图如图 6-11 所示。

设备在运行前需要对电网的运行状态进行检测，首先对电网所处状态（谷、峰或平状态）进行判断，当电网处于低谷运行状态时，就可以对蓄热体进行加热，但当电网处于另外两个状态（峰、平状态）时，就需要对炉体的出风温度进行判断，看炉内的温度是否可以满足要求。若炉风的温度能够满足要求，则不用对蓄热体进行加热；反之，则需要对蓄热体进行加热。当对蓄热体进行加热时，首先要设定需要加热到的温度，根据设定的温度开启加热丝的数量，然后对温度进行检测，根据设定的温度决定开启加热丝的数量，然后又对温度进行检测，对检测到的温度进行排序，按各处温度的高低对加热丝进行起停；当读取到加热丝产生高温报警信号时，对系统停止加热，完成整个加热过程。上述过程采用 PID 控制器来控制电源开关，实现炉内的温度控制，储热过程 PID 控制流程图如图 6-12 所示。

释热过程控制逻辑图如图 6-13 所示。

系统在运行前需判断电网所处状态（谷、峰或平运行状态），当电网处于谷、峰或平运行状态时，先检测风机、水泵等电源开关是否闭合。起动水泵，稍后起动风机，以用户侧供给温度为目标，通过设定的出水口温度与传感器测量的实际值进行比较，得到出水口温度差值，将此差值送入 PID 控制器中来控制变频风机以便对循环风系统进行控制。此系统还可以对循环风系统进行参数估计，

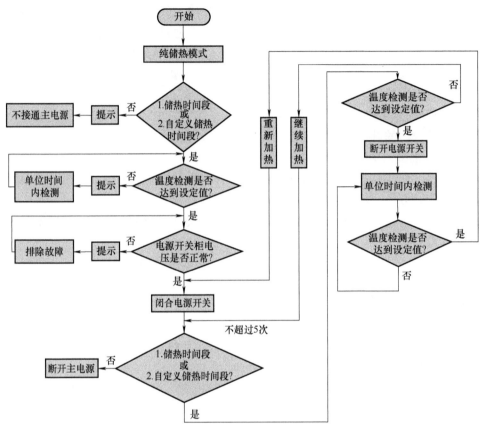

图 6-11　纯储热过程控制流程图

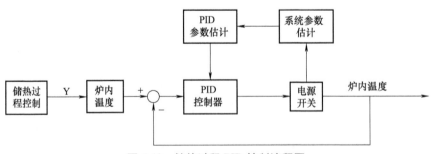

图 6-12　储热过程 PID 控制流程图

将得出的 PID 参数估计值送入 PID 控制器中，控制系统稳定，释热过程 PID 控制流程图如图 6-14 所示。

　　总之，无论是储热过程还是释热过程，系统运行过程中的温度、流量、压力、电量等采集数据，均需传输至远程监控平台。

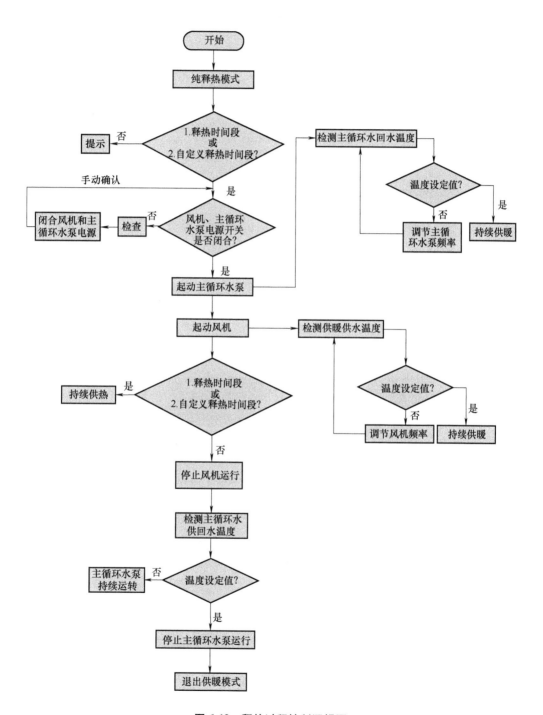

图 6-13　释热过程控制逻辑图

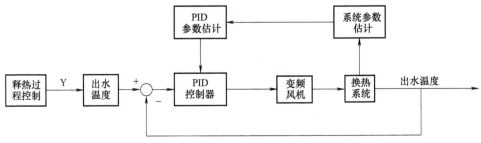

图 6-14　释热过程 PID 控制流程图

6.2.7　面向电网辅助服务的控制技术

高温储热系统具有消纳电力和储存高品位热能的功能,将电力供应随热能需求的实时响应机制从时间和空间上有效分离,实现电力、热能跨大时间尺度的响应,可有效缓解电力高峰供电压力,确保生活、生产稳定用热,实现电力、企业、社会多方共赢。清洁能源多情景联合消纳协同控制系统功能层级图如图 6-15 所示。

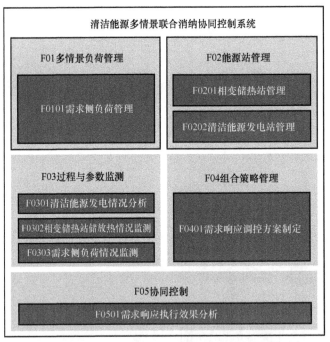

图 6-15　清洁能源多情景联合消纳协同控制系统功能层级图

高温储热系统联网动态响应平台可参与电网调峰、动态响应等有偿服务机制。具体协调控制以参与电网调峰为例,分析如下。

高温储热系统参与电网调峰协调控制采用双层结构,包括系统实时调度层和功率分配层。实时调度层通过不断更新负荷需求的预测值，对调峰策略进行修正，消纳电网的有功功率差额波动，提高调度的准确性；功率分配层根据各相变储热站性能参数和运行参数，以高温储热系统总运行成本最小为目的，对调度指令进行实时优化分配，以满足高温储热系统实时调度的要求。

对于实时调度层，能量控制中心基于电网状态数据以及用户需求预测，制定电网能量管理与优化目标，进而确定高温储热系统调峰功率。对于功率分配层，能量控制中心经通信网获取高温储热系统的实时出力信号，结合运行、控制与优化目标，对各高温储热系统发出控制信号，优化设备出力以匹配微网中电能和热能的需求，最终实现调峰目标。

高温储热系统实时调度系统包含系统实时调度层和站内功率分配层两层结构，如图 6-16 所示。其中，$P_{ES}(h)$ 为第 h 个调度周期实时调度层的调度指令，$P_j(h)$ 为第 j 个储能支路在第 h 个调度周期分配的功率。

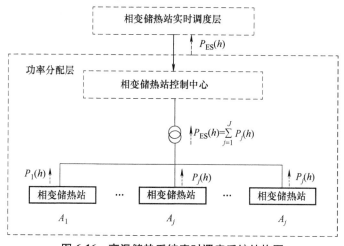

图 6-16　高温储热系统实时调度系统结构图

高温储热系统实时调度策略由相变储热站系统实时调度层和相变储热站功率分配层决策构成。

高温储热系统实时调度层的数学模型是一个多阶段非线性动态规划问题，虽然仅含有一个优化决策变量 $P_{ES}(h)$，$h = 1，2，\cdots，H$，但难点在于需要解决调度时段内多个调度周期间高温储热系统优化耦合的问题，可采用动态规划算法对数学模型求解。在高温储热系统功率分配层数学模型中，决策优化变量为可优化调度高温储热系统的储热功率 $P_j(h)$，决策变量的数量等于可优化储热站的站数 J，其数量可能较多，可采用粒子群算法求解。高温储热系统实时调度策略求解可以分为以下 4 步：

1）实时调度层根据当前调度周期的负荷需求超短期预测值，计及以后各调度周期的日前预测值，对当前调度周期做实时调度，对其后各调度周期做准实时调度。

2）站内功率分配层根据高温储热系统参数对当前调度周期的实时调度指令进行合理分配。

3）判断调度时段是否结束，当 $h \geq H$ 时，优化程序结束，否则转至步骤4）。

4）更新负荷需求的超短期预测值和日前预测值，重复第 1）~3）步，继续优化调度。高温储热系统实时调度系统模型求解流程图如图 6-17 所示。

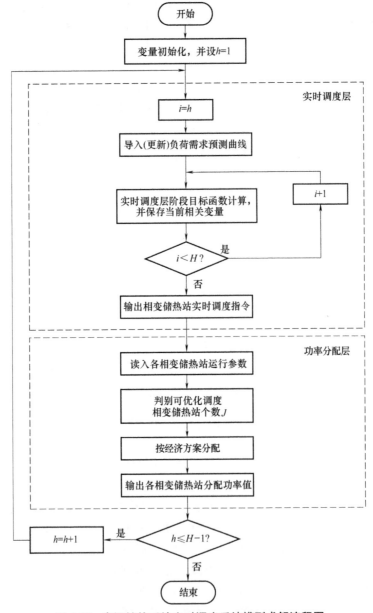

图 6-17　高温储热系统实时调度系统模型求解流程图

6.3　高温储热系统的实验

6.3.1　高温储热系统的模拟实验系统

高温储热系统的模拟实验系统可为储热模块的测试提供测试环境，用以模拟实际应用场景。根据高温储热系统的测试需求，可配置不同温度的高温热源、系统加热功率、气体循环流量等参数。通常，高温热源温度为1000℃，系统加热功率为1MW，即可满足常规高温储热系统测试需求。

热源温度设定为1000℃，主要考虑储热介质的实际应用温度和加热元件本身的耐受温度。从固体储热介质的调研来看，一般混凝土的储热温度较低（300～500℃）；市场上复合相变材料的相变温度一般不高于750℃；采用镁砖作为储热介质，虽然市场上绝大部分厂家宣称最高耐受温度可达850℃，实际应用的储热温度一般是600～650℃。考虑到加热过程电热丝表面温度一般较空气温度高200℃左右，从储热介质的热需求来看，热源温度1000℃可实现市场常用储热介质储热/释热性能测试的全覆盖，并具有一定的加热裕度。测试平台一般具有如下功能：

1）具备不同模块结构和布置方式的储热模块测试分析能力，可进行模块储/释热速率测试、储热容量测试、储热及释热行为测试、过载能力测试和循环性能测试。

2）可模拟储热装置不同的运行工况，在不同进口空气温度、流速等工况下，可实现固体储热装置内温度分布规律的测试分析。

3）针对分离式储热系统，在工作状态下可实时测量储热装置的传热系数。

4）具备从能量总量上测试评估储热装置的储热容量的功能。

5）具备测试评估储热装置储热效率的功能。

6）对静态过程进行温度监控，具备评估和计算储热装置的散热损失功能。

7）可进行储热装置压力损失的测试，具备评估储热装置流动阻力的能力。

测试平台系统主要由蓄热腔体、电加热器、换热器、冷却设备、风机及水泵等组成，测试平台及其工艺流程图如图6-18所示。

测试平台的工作过程分为储热测试过程和释热测试过程，具体如下：

1）储热测试过程：开启耐高温风机，以较低流量运转，待流量显示稳定后，接通电热丝电源，空气与电热丝表面进行换热，温度升高后的空气离开电制热部件进入蓄热腔体，腔体内由固体储热材料（镁砖、相变砖等）排列为不同结构的换热通道，高温空气与储热材料进行热交换，将热量传递给储热材料，降

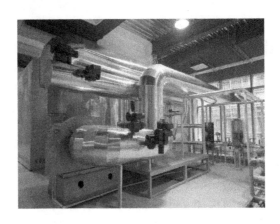

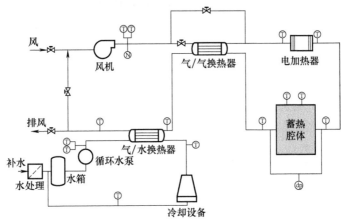

图 6-18　测试平台及其工艺流程图

温后的空气排出蓄热腔体，首先进入气/气换热器，用于预热进入电制热部件的空气，经过预热器后的空气进一步降温，然后进入气/水换热器将热量传给冷却水，空气再次降温后进入耐高温风机，接下来重复上述过程，直至储热过程结束。

2）释热测试过程：该过程电制热部件电源始终处于关闭状态。开启耐高温风机，空气由风机送入，先经气/气换热器进入电加热设备（关闭状态），然后进入蓄热腔体，空气与蓄热腔体内由固体储热材料形成的蓄热体进行热交换，储热材料逐渐降温，空气与储热材料换热后温度升高排出蓄热腔体，先进入气/气换热器预热入口空气，空气温度有一定降低后进入气/水换热器，对冷侧循环水加热，升温后的热水进入板式换热器，将热量传给二次循环水，并最终将热量通过冷却塔进行散热。经过气/水换热器的空气温度进一步降低，达到风机耐受温度以下进入风机，重复上述过程可实现释热过程的空气循环流动，直至释热过程结束。

　　根据测试平台测试功能的需要，在测试平台方案设计中必要的部位布置相应的高温温度传感器、压力传感器、质量流量计等，通过采集温度、压力、流量等信号，并经过分析计算获得固体储热材料的储/释热特性。具体来说，质量流量计配合温度传感器完成蓄热单元（模块）蓄热量、释热量及其动态特性的测试；温度传感器完成蓄热单元（模块）蓄热动态过程、蓄热装置温度分布及热量损失的监控；压力传感器完成蓄热（模块）的空气流动阻力的监测。

6.3.2　高温储热系统的储热/放热实验

6.3.2.1　测试依据标准

　　高温储热系统测试依据标准见表 6-5。

表 6-5　高温储热系统测试依据标准

标　准　号	标　准　名　称
GB/T 151—2014	《热交换器》
GB/T 10180—2017	《工业锅炉热工性能试验规程》
GB/T 4208—2017	《外壳防护等级（IP 代码）》
GB/T 4654—2008	《非金属基体红外辐射加热器通用技术条件》
GB/T 7287—2008	《红外辐射加热器试验方法》
GB/T 9969—2008	《工业产品使用说明书 总则》
GB/T 10180—2017	《工业锅炉热工性能试验规程》
GB/T 18268.1—2010	《测量、控制和实验室用的电设备 电磁兼容性要求 第1部分：通用要求》
GB/T 20841—2007	《额定电压 300/500V 生活设施加热和防结冰用加热电缆》
JB/T 4088—2012	《日用管状电热元件》
JB/T 10393—2002	《电加热锅炉技术条件》
JG/T 236—2008	《电采暖散热器》
JG/T 286—2010	《低温辐射电热膜》
DL/T 359—2010	《电蓄冷（热）和热泵系统现场测试规范》

6.3.2.2　储热/释热特性分析与测量方法

　　（1）储热/释热速率及测量

　　储热/释热速率是指单位时间内储热模块储存/释放的热量，是衡量蓄热体储热/释热能力的标准之一。高温储热模块在储热/释热过程中，其储热/释热速率是不断变化的，取决于传热介质与储热材料的换热情况，研究储热/释热速率可以为储热系统的电加热功率设计和响应输出负荷提供理论依据。

$$q = Q/t \qquad (6\text{-}47)$$

式中，q 为储热/释热速率，单位为 W；Q 为热量，单位为 J；t 为单位时间，单位为 s。

测量储热/释热速率的关键在于测量单位时间内蓄热体吸收或释放的热量。对于蓄热体吸收的热量，基本测量思路有两种：一种是根据电加热单元的耗电量和腔体内的空气热量，两者的差值即为蓄热体的蓄热量；另外一种是在蓄热体的不同位置布置热电偶，测量单位时间内温度的变化，结合蓄热体的质量和比热容，计算得到蓄热量。比较上述两种方法，前者的电功率较易测量，数据较为准确，但是电热丝支撑结构等也会吸收电热丝的热量，并且腔体空间大，空气的热量不易准确获得。后者所测量位置的温度较为准确，所测量温度假定为蓄热体的平均温度，一般布置的热电偶越多，所测的数据更为准确。

对于蓄热体释放的热量，测量方法也有两种：一种是从传热介质获取的能量角度，通过空气流量和进出口空气温度，假定空气获得热量即为蓄热体的释放热量；另外一种与蓄热体的储热量相似，根据储热材料的温度变化进行计算。

在储热测试平台中，用于测量储热单元内部及储热单元出口高温空气的热电偶，一般要求测量范围可达 1000℃。K 型热电偶作为一种温度传感器，通常和显示仪表、记录仪表和电子调节器配套使用。K 型热电偶可以直接测量各种生产中从 0~1300℃ 范围的液体蒸汽和气体介质以及固体的表面温度，是目前用量最大的廉金属热电偶，其用量远超过其他热电偶。试验过程中选用的 K 型热电偶测量范围为 0~1300℃，精度为 ±0.75%t。

对储热速率或释热速率的计算公式如下

$$q = \sum_{i=1}^{N} \frac{Q_i}{t} = \sum_{i=1}^{N} \frac{\dot{m}_w c_{pw}(T_t - T_0)}{t} \qquad (6\text{-}48)$$

（2）蓄热总量

当蓄热体从初始加热到加热结束，蓄热体总的蓄热量即为蓄热总量。测量蓄热量的主要思路是考虑蓄热体自身的温度变化，该测试平台具备从能量总量上测试储热容量的功能。从蓄热体的温度分布计算储热容量，对于温度超过相变温度的区域，需要计及潜热量和显热量；对于未达到相变温度点的区域，只计算其显热量。

储热容量＝蓄热砖的质量×比热容×温升

温升＝砖的平均温度-基准温度

其中，基准温度即为最低释热温度，取释热完成后砖的平均温度。也可以根据实际情况直接选定初始温度。

$$Q_1 = \sum_{i=1}^{N} Q_i = \sum_{i=1}^{N} \dot{m}_{\text{pcm},i} \left[c_{\text{p}} (T_i - T^*) + h + (T^* - T_0) \right] \quad (T_i \geqslant T^*) \quad (6\text{-}49)$$

$$Q_2 = \sum_{i=1}^{N} Q_i = \sum_{i=1}^{N} \dot{m}_{\text{pcm}} c_{\text{p}} (T_i - T_0) \quad (T_i < T^*) \quad (6\text{-}50)$$

$$Q_{\text{总}} = Q_1 + Q_2 \quad (6\text{-}51)$$

（3）储热效率与漏热损失

对于分离型加热方式，描述固体蓄热体的储热效率，一般可以从两种角度分析：蓄热体的对外释热量与储热量的比值；储热量除以储热量与漏热量之和。

储热效率 1 = 释热量/储热量

储热效率 2 = 储热量/（储热量+漏热量）

$$\eta_1 = \frac{Q_{\text{释}}}{Q_{\text{储}}} \quad (6\text{-}52)$$

$$\eta_2 = \frac{Q_{\text{砖,储}}}{(Q_{\text{砖,储}} + Q_{\text{漏热}})} \quad (6\text{-}53)$$

固体储热测试平台可对蓄热体静态放置过程进行温度监控，所测的温度数据用于评估和计算储热装置的散热损失。通过腔体内部储热砖温度的变化来评估散热损失，采用单位时间漏热量（与温度相关）或者 24h 漏热量等指标进行衡量。砖的温度变化是漏热量的直接体现。

漏热损失 = 砖的比热容×砖的质量×砖的温度变化

$$Q_{\text{漏热}} = m c_{\text{p}} \Delta t_{\text{漏热}} \quad (6\text{-}54)$$

（4）蓄热体的传热系数

蓄热体的传热系数与结构、布置方式、表面积大小等直接相关。该测试平台通过对砖的传热面积的数据统计及换热量的计算，可以实时计算储热过程的传热系数。

储热砖传热系数 = 储热速率/（砖表面积×温差）

$$\alpha = \frac{q}{A \Delta t} \quad (6\text{-}55)$$

此外也可以通过释热过程热风侧的焓值变化进行计算，公式如下

储热砖传热系数 = 热风流量×腔体进出口焓差/砖吸热面积/砖与空气的对数温差

$$\alpha = \dot{m} \Delta h / (A \Delta t_{\text{m}}) \quad (6\text{-}56)$$

6.3.3　数据处理与结果分析

6.3.3.1　数据处理与不确定度

通过对固体储热测试平台不同储/释热模式下储热过程和释热过程的实验研

究，利用热电偶、流量计与数据采集记录单元对蓄热体内部温度、换热器水侧和空气侧进出口的温度及水侧流量进行实时记录。

对于蓄热体内部储热容量或释热容量的计算，基本假定热电偶测量值代表热电偶所在位置的平均温度，根据蓄热体内部全部热电偶采集的温度值，结合蓄热体相变砖所占质量分数进行加权平均，计算得到蓄热体的储热容量。

理论上储热量或放热量为功率在储热或放热时间内的积分，但实验数据为离散点，因此采用单位时间的储热量或放热量的叠加作为储热量或释热量的近似，计算公式如下

（1）气/水换热器换热功率

$$Q_{HE} = \dot{m}_w Cp_w (T_{out} - T_{in}) \tag{6-57}$$

式中，Q_{HE} 为换热功率，单位为 W；$\dot{m}_w$ 为水侧流量，单位为 kg/s；Cp_w 为水的比热容，单位为 J/(kg·K)；T_{out} 为水侧出口温度，单位为℃；T_{in} 为水侧进口温度，单位为℃。

（2）空气侧流量

循环风机出口侧设置流量计 Q_1 和 Q_2，直接由流量计读数记录空气实时流量值。

（3）水侧流量

气/水换热器水侧流量由流量计 Q_3 直接记录。

（4）总储热量

从蓄热体的温度分布计算储热容量，对于温度超过相变温度的区域，需要计及潜热量和显热量；对于未达到相变温度点的区域，只计算其显热量。

接下来进行实验不确定度分析。固体储热体的储热容量不确定度计算公式为

$$\frac{u(Q)}{Q} = \sqrt{\left(\frac{u(m)}{m}\right)^2 + \left(\frac{u(Cp)}{Cp}\right)^2 + \left(\frac{u(\Delta T)}{\Delta T}\right)^2} \tag{6-58}$$

式中，$u(Q)$ 为储热容量不确定度；$u(m)$ 为储热介质质量不确定度；$u(Cp)$ 为比定压热容不确定度；$u(\Delta T)$ 为温度变化测量不确定度。

6.3.3.2 镁砖算例储热/释热实验结果

（1）蓄热体进出口风温

在进行热源温度定风温模式的测试中，记录了镁砖蓄热体进出口位置的空气温度曲线，图 6-19 所示为入口风温 750℃蓄热体进出口温度曲线。

（2）镁砖储热量

根据镁砖的质量和比热容，实验采集系统可实时计算其储热量。图 6-20 所示为测试过程镁砖的储热量时间曲线，由图 6-20 可知最高可达到 1.0MWh。

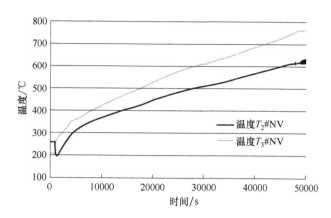

图 6-19　蓄热体进出口温度曲线

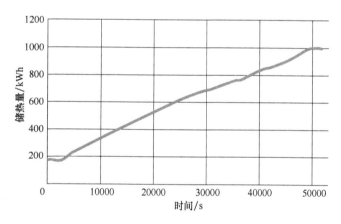

图 6-20　测试过程镁砖的储热量时间曲线

（3）蓄热过程气/水换热器换热量

对于镁砖蓄热体的蓄热过程，实验记录了一次侧气/水换热器的高温侧和低温侧的换热量。其中，高温侧根据空气的流量和焓变计算气/水换热器的换热量，低温侧根据冷却水的吸热量进行计算，结果分别如图 6-21 和图 6-22 所示，结果显示该换热器已达热平衡，热侧和冷侧数据吻合良好。

（4）风机入口温度

在储热和释热过程中，必须保证风机入口侧温度始终在安全范围之内。通过气/气预热器的首次降温和气/水换热器的再次降温，保证了实验过程中风机入口温度的平稳性。图 6-23 给出了镁砖蓄热过程中风机入口温度时间曲线，实验的大部分时间风机入口温度低于 250℃，处于风机安全运行范围之内。

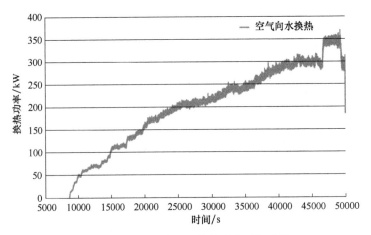

图 6-21　换热器高温侧换热功率时间曲线

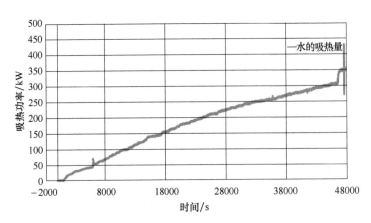

图 6-22　换热器低温侧换热功率时间曲线

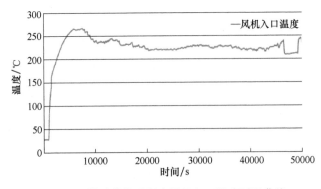

图 6-23　镁砖蓄热过程中风机入口温度时间曲线

（5）漏热量评估

对于镁砖蓄热体的静置过程进行温度监测，可以得到一定时间内的蓄热体热量损失。图 6-24 给出了漏热测试镁砖蓄热体温度变化曲线，此过程中，腔体内部的温度由 521℃ 降低到 464℃，降温速率约为 3.4℃/h，换算为热量损失约为 5.3kW。

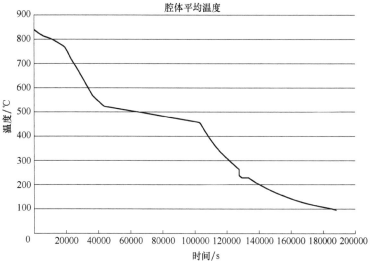

图 6-24　漏热测试镁砖蓄热体温度变化曲线

（6）500℃ 定风温测试

针对镁砖蓄热体开展中低温储热测试，设定入口风温 500℃ 的定风温模式，蓄热腔体内蓄热砖升温曲线如图 6-25 所示，根据蓄热砖温升曲线计算的蓄热量如图 6-26 所示。

（7）预热器测试

针对镁砖蓄热体高温释热测试，电加热器处于关闭状态。高温空气经蓄热体排出后经过预热器对入口空气进行加热，图 6-27 给出了气/气预热器内高温侧和低温侧的瞬时计算换热功率曲线，换热器高温侧和低温侧的瞬时换热功率相等时，则表明换热器热平衡良好。

6.3.3.3　相变砖算例储热/释热实验结果

（1）相变砖储热测试

将蓄热体从平均温度 468℃ 开始加热，经过 27h 的缓慢加热，蓄热体迎风前段平均温度为 712℃，前段蓄热体已发生相变；中段蓄热体平均温度为 683℃，后段蓄热体平均温度为 664℃。图 6-28 所示为蓄热体温度随时间的变化曲线。蓄热体蓄热容量计算以 150℃ 为基准温度，在迎风面温度达到 712℃ 时，蓄热容量计算结果为 1.04MWh（见表 6-6）。随着相变砖温度进一步升高，蓄热体中段和后段部分的温度进一步升高，蓄热容量会继续增加。

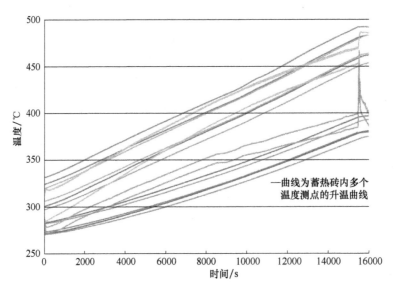

图 6-25　蓄热腔体内蓄热砖升温曲线

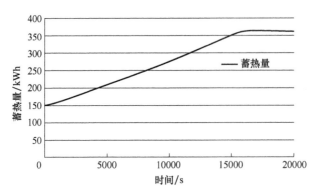

图 6-26　根据蓄热砖温升曲线计算的蓄热量

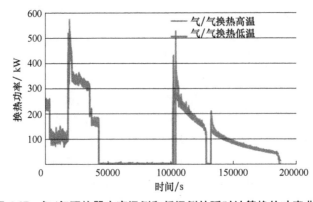

图 6-27　气/气预热器内高温侧和低温侧的瞬时计算换热功率曲线

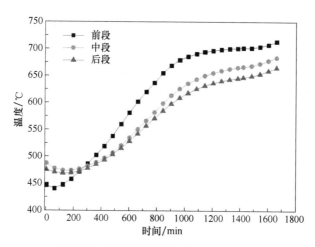

图 6-28　蓄热体温度随时间的变化曲线

表 6-6　蓄热体温度及蓄热容量随时间变化数据表

加热时间/min	前段平均温度/℃	中段平均温度/℃	后段平均温度/℃	蓄热容量/MWh
1	445.23	486.24	474.61	0.60
60	440.07	476.81	470.01	0.59
120	446.68	473.14	467.84	0.59
180	457.51	473.18	468.56	0.60
240	470.87	475.98	471.73	0.61
300	485.68	481.06	477.13	0.63
360	501.66	487.95	484.39	0.65
420	518.54	496.29	492.85	0.67
480	537.71	506.39	503.08	0.69
540	559.23	519.68	514.86	0.72
600	580.52	534.41	527.93	0.75
660	600.84	549.91	541.82	0.79
720	619.39	565.68	556.03	0.82
780	636.02	581.17	570.18	0.84
840	654.12	597.70	584.23	0.88
900	668.41	612.42	597.04	0.90
960	678.45	624.67	607.97	0.92

（续）

加热时间/min	前段平均温度/℃	中段平均温度/℃	后段平均温度/℃	蓄热容量/MWh
1020	685.18	634.63	617.05	0.94
1080	689.98	642.77	624.54	0.95
1140	693.54	649.36	630.63	0.96
1200	696.09	654.59	635.46	0.97
1260	698.03	658.71	639.28	0.98
1320	699.48	662.06	642.30	0.98
1380	700.54	664.60	644.59	0.99
1420	700.71	665.90	646.23	0.99
1480	700.96	667.85	648.64	0.99
1540	703.40	672.01	652.79	1.00
1600	706.99	677.39	658.35	1.01
1660	712.68	683.15	664.14	1.04

（2）相变砖释热测试

蓄热体开始释热后，循环水温度逐渐由 34℃ 上升到 90℃，并在 90℃ 稳定大概 2h，如图 6-29 所示，详细数据见表 6-7。由图 6-29 可知，循环水由常温升高到 90℃ 大概需要 2h，且储热样机可持续地输出 90℃ 的热流体，该温度可满足大多数民用供热需求。

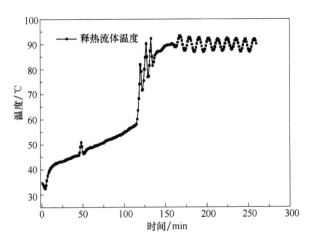

图 6-29　释热流体升温曲线

表 6-7　释热流体温度表

加热时间/min	温度/℃
1	34.71
10	40.49
20	43.16
30	44.34
40	45.63
50	47.39
60	49.14
70	50.33
80	52.15
90	53.29
100	55.00
110	57.20
120	82.00
130	77.40
140	86.87
150	89.41
160	89.93
170	91.53
180	92.43
190	92.59
200	90.92
210	89.05
220	87.87
230	87.94
240	87.70
250	88.16
260	90.24

通过对 MWh 级相变储热样机释热性能测试，循环水由 34℃ 逐渐升温，大约经过 2h 后升温到 90℃，由试验可知样机可以长时间提供 90℃ 的热流体。

6.4 本章小结

高温储热系统是解决能源供应在时间与空间上不匹配问题的有效手段，本章从系统方案设计、高温储热单元研制、主要部件选型、配电与控制、系统储释热实验等方面，对高温储热系统的研制过程进行了介绍。在高温储热系统的研制过程中，需要重视以下几项工作：1）根据应用场景及热源情况灵活选择合理的换热方式；2）根据工程地建筑情况和当地政策设计储热容量、加热功率；3）高温加热单元的设计需要考虑高温下的腐蚀和绝缘问题；4）合理选择换热结构，确保蓄热材料和传热流体之间的高效传热。

参 考 文 献

［1］ 葛维春，邢作霞，朱建新，等. 固体电蓄热及新能源消纳技术［M］. 北京：中国水利水电出版社，2018.

［2］ 葛维春. 电制热相变储热关键技术及应用［M］. 北京：中国电力出版社，2020.

［3］ 陈东. 热泵技术手册［M］. 北京：化学工业出版社，2012.

［4］ 陶文铨. 传热学［M］. 北京：高等教育出版社，1980.

［5］ 余建祖. 换热器原理与设计［M］. 北京：北京航空航天大学出版社，2006.

附　　录

换热介质的热物理性质

1. 干空气的热物理性质（$p=760\text{mmHg}=1.01325\times10^5\text{Pa}$）

$t/^\circ\text{C}$	$\rho/$ $(\text{kg}\cdot\text{m}^{-3})$	$c_\text{p}/$ $(\text{kJ}\cdot\text{kg}^{-1}\cdot\text{K}^{-1})$	$10^2\times\lambda/$ $(\text{W}\cdot\text{m}^{-1}\cdot\text{K}^{-1})$	$10^6\times\alpha/$ $(\text{m}^2\cdot\text{s}^{-1})$	$10^6\times\mu/$ $(\text{Pa}\cdot\text{s})$	$10^6\times\upsilon/$ $(\text{m}^2\cdot\text{s}^{-1})$	Pr
-50	1.584	1.103	2.04	12.7	14.6	9.23	0.728
-40	1.515	1.013	2.12	13.8	15.2	10.04	0.728
-30	1.453	1.013	2.20	14.9	15.7	10.80	0.723
-20	1.395	1.009	2.28	16.2	16.2	11.61	0.716
-10	1.342	1.009	2.36	17.4	16.7	12.43	0.712
0	1.293	1.005	2.44	18.8	17.2	13.28	0.707
10	1.247	1.005	2.51	20.0	17.6	14.16	0.705
20	1.205	1.005	2.59	21.4	18.1	15.06	0.703
30	1.165	1.005	2.67	22.9	18.6	16.00	0.701
40	1.128	1.005	2.76	24.3	19.1	16.96	0.699
50	1.093	1.005	2.83	25.7	19.6	17.95	0.698
60	1.060	1.005	2.90	27.2	20.1	18.97	0.696

（续）

$t/℃$	$\rho/$ $(kg \cdot m^{-3})$	$c_p/$ $(kJ \cdot kg^{-1} \cdot K^{-1})$	$10^2 \times \lambda/$ $(W \cdot m^{-1} \cdot K^{-1})$	$10^6 \times \alpha/$ $(m^2 \cdot s^{-1})$	$10^6 \times \mu/$ $(Pa \cdot s)$	$10^6 \times v/$ $(m^2 \cdot s^{-1})$	Pr
70	1.029	1.009	2.96	28.6	20.6	20.02	0.694
80	1.000	1.009	3.05	30.2	21.1	21.09	0.692
90	0.972	1.009	3.13	31.9	21.5	22.10	0.690
100	0.946	1.009	3.21	33.6	21.9	23.13	0.688
120	0.898	1.009	3.34	39.8	22.8	25.45	0.686
140	0.854	1.013	3.49	40.3	23.7	27.80	0.684
160	0.815	1.017	3.64	43.9	24.5	30.09	0.682
180	0.779	1.022	3.78	47.5	25.3	32.49	0.681
200	0.746	1.026	3.93	51.4	26.0	34.85	0.680
250	0.647	1.038	4.27	61.0	27.4	40.61	0.677
300	0.615	1.047	4.60	71.6	29.7	48.33	0.674
350	0.566	1.059	4.91	81.9	31.4	55.46	0.676
400	0.524	1.068	5.21	93.1	33.0	63.09	0.678
500	0.456	1.093	5.74	115.3	36.2	79.38	0.687
600	0.404	1.114	6.22	138.3	39.1	96.89	0.699
700	0.362	1.135	6.71	163.4	41.8	115.4	0.706
800	0.329	1.156	7.18	188.8	44.3	134.8	0.713
900	0.301	1.172	7.63	216.2	46.7	155.1	0.717
1000	0.277	1.185	8.07	245.9	49.0	177.1	0.719
1100	0.257	1.197	8.50	267.2	51.2	199.3	0.722
1200	0.239	1.210	9.15	316.5	53.5	233.7	0.724

2. 饱和水的热物理性质

$t/$°C	$10^{-5}\times p/$ Pa	$\rho/$ (kg·m^{-3})	$h'/$ (kJ·kg^{-1})	$c_p/$ (kJ·kg^{-1}·K^{-1})	$10^2\times\lambda/$ (W·m^{-1}·K^{-1})	$10^8\times\alpha/$ (m^2·s^{-1})	$10^6\times\mu/$ (Pa·s)	$10^6\times\nu/$ (m^2·s^{-1})	$10^4\times\beta$[①]/ K^{-1}	$10^4\times\sigma/$ (N·m^{-1})	Pr
0	0.00611	999.9	0	4.212	55.1	13.1	1788	1.789	-0.81	756.4	13.67
10	0.01227	999.7	42.04	4.191	57.4	13.7	1306	1.306	0.87	741.6	9.52
20	0.02338	998.2	83.91	4.183	59.9	14.3	1004	1.006	2.09	726.9	7.02
30	0.04241	995.7	125.7	4.174	61.8	17.9	801.5	0.805	3.05	712.2	5.42
40	0.07375	992.2	167.5	4.174	63.5	15.3	653.3	0.659	3.86	696.5	4.31
50	0.12336	988.1	209.3	4.174	64.8	15.7	549.4	0.556	4.57	676.9	3.54
60	0.19920	983.1	251.1	4.179	65.9	16.0	469.9	0.478	5.22	662.2	2.99
70	0.3116	977.8	293.0	4.187	66.8	16.3	406.1	0.415	5.83	643.5	2.55
80	0.4736	971.8	355.0	4.195	67.4	16.6	355.1	0.365	6.40	625.9	2.21
90	0.7011	965.3	377.0	4.208	68.0	16.8	314.9	0.326	6.96	607.2	1.95
100	1.013	958.4	419.1	4.220	68.3	16.9	282.5	0.295	7.50	588.6	1.75
110	1.43	951.0	461.4	4.233	68.5	17.0	259.0	0.272	8.04	569.0	1.60
120	1.98	943.1	503.7	4.250	68.6	17.1	237.4	0.252	8.58	548.4	1.47
130	2.70	934.8	546.4	4.266	68.6	17.2	217.8	0.233	9.12	528.8	1.36
140	3.61	926.1	589.1	4.287	68.5	17.2	201.1	0.217	9.68	507.2	1.26
150	4.76	917.0	632.2	4.313	68.4	17.3	186.4	0.203	10.26	486.6	1.17
160	6.18	907.0	675.4	4.346	68.3	17.3	173.6	0.191	10.87	466.0	1.10
170	7.92	897.3	719.3	4.380	67.9	17.3	162.8	0.181	11.52	443.4	1.05
180	10.03	886.9	763.3	4.417	67.4	17.2	153.0	0.173	12.21	422.8	1.00

（续）

$t/°C$	$10^{-5}×p/$ Pa	$\rho/$ (kg·m^{-3})	$h'/$ (kJ·kg^{-1})	$c_p/$ (kJ·kg^{-1}·K^{-1})	$10^2×\lambda/$ (W·m^{-1}·K^{-1})	$10^8×a/$ (m^2·s^{-1})	$10^6×\mu/$ (Pa·s)	$10^6×\nu/$ (m^2·s^{-1})	$10^4×\beta$①/ K^{-1}	$10^4×\sigma/$ (N·m^{-1})	Pr
190	12.55	876.0	807.8	4.459	67.0	17.1	144.2	0.165	12.96	400.2	0.96
200	15.55	863.0	852.8	4.505	66.3	17.0	136.4	0.158	13.77	376.7	0.93
210	19.08	852.3	897.7	4.555	65.5	16.9	130.5	0.153	14.67	354.1	0.91
220	23.20	840.3	943.7	4.614	64.5	16.6	124.6	0.148	15.67	331.6	0.89
230	27.98	827.3	990.2	4.681	63.7	16.4	119.7	0.145	16.80	310.0	0.88
240	33.48	813.6	1037.5	4.756	62.8	16.2	114.8	0.141	18.08	285.5	0.87
250	39.78	799.0	1085.7	4.844	61.8	15.9	109.9	0.137	19.55	261.9	0.86
260	46.94	784.0	1135.7	4.949	60.5	15.6	105.9	0.135	21.27	237.4	0.87
270	55.05	767.9	1185.7	5.070	59.0	15.1	102.0	0.133	23.31	214.8	0.88
280	64.19	750.7	1236.8	5.230	57.4	14.6	98.1	0.131	25.79	191.3	0.90
290	74.45	732.3	1290.0	5.485	55.8	13.9	94.2	0.129	28.84	168.7	0.93
300	85.92	712.5	1344.9	5.736	54.0	13.2	91.2	0.128	32.73	144.2	0.97
310	99.70	691.1	1402.2	6.071	52.3	12.5	88.3	0.128	37.85	120.7	1.03
320	112.90	667.1	1462.1	6.574	50.6	11.5	85.3	0.128	44.91	98.10	1.11
330	128.65	640.2	1526.2	7.244	48.4	10.4	81.4	0.127	55.31	76.71	1.22
340	146.08	610.1	1594.8	8.165	45.7	9.17	77.5	0.127	72.10	56.70	1.39
350	165.37	574.4	1671.4	9.504	43.0	7.88	72.6	0.126	103.7	38.16	1.60
360	186.74	528.2	1761.5	13.984	39.5	5.36	66.7	0.126	182.9	20.21	2.35
370	210.53	450.5	1892.5	40.321	33.7	1.86	56.9	0.126	676.7	4.709	6.79

① β值选自 Grigull U, et al. Steam Tables in IS Units, 2nd Ed [M]. Springer-Verlag, 1984.

3. 干饱和水蒸汽的热物理性质

$t/$°C	$10^{-2}\times p/$ kPa	$\rho''/$ (kg·m^{-3})	$h''/$ (kJ·kg^{-1})	$r/$ (kJ·kg^{-1})	$c_p/$ (kJ·kg^{-1}·K^{-1})	$10^{-2}\times\lambda/$ (W·m^{-1}·K^{-1})	$10^{3}\times a/$ (m^2·h^{-1})	$10^{6}\times\mu/$ (Pa·s)	$10^{6}\times\nu/$ (m^2·s^{-1})	Pr
0	0.00611	0.004847	2501.6	2501.6	1.8543	1.83	7313.0	8.022	1655.01	0.815
10	0.01227	0.009396	2520.0	2477.7	1.8594	1.88	3881.3	8.424	896.54	0.831
20	0.02338	0.01729	2538.0	2454.3	1.8661	1.94	2167.2	8.84	509.90	0.847
30	0.04241	0.03037	2556.5	2430.9	1.8744	2.00	1265.1	9.218	303.53	0.863
40	0.07375	0.05116	2574.2	2407.0	1.8853	2.06	768.45	9.620	188.04	0.883
50	0.12335	0.08302	2592.0	2382.7	1.8987	2.12	483.59	10.922	120.72	0.896
60	0.19920	0.1302	2609.6	2358.4	1.9155	2.19	315.55	10.424	80.07	0.913
70	0.3116	0.1982	2626.8	2334.1	1.9364	2.25	210.57	10.817	54.57	0.930
80	0.4736	0.2933	2643.5	2309.0	1.9615	2.33	145.53	11.219	38.25	0.947
90	0.7011	0.4235	2660.3	2283.1	1.9921	2.40	102.22	11.621	27.44	0.966
100	1.0130	0.5977	2676.2	2257.1	2.0281	2.48	73.57	12.023	20.12	0.984
110	1.4327	0.8265	2691.3	2229.9	2.0704	2.56	53.83	12.425	15.03	1.00
120	1.9854	1.122	2705.9	2202.3	2.1198	2.65	40.15	12.798	11.41	1.02
130	2.7013	1.497	2719.7	2173.8	2.1763	2.76	30.46	13.170	8.80	1.04
140	3.614	1.967	2733.1	2144.1	2.2408	2.85	23.28	13.543	6.89	1.06
150	4.760	2.548	2745.3	2113.1	2.3142	2.97	18.10	13.896	5.45	1.08
160	6.181	3.260	2756.6	2081.3	2.3974	3.08	14.20	14.249	4.37	1.11
170	7.920	4.123	2767.1	2047.8	2.4911	3.21	11.25	14.612	3.54	1.13
180	10.027	5.160	2776.3	2013.0	2.5958	3.36	9.03	14.965	2.90	1.15

（续）

$t/℃$	$10^{-2}×p/$ kPa	$\rho''/$ (kg·m^{-3})	$h''/$ (kJ·kg^{-1})	$r/$ (kJ·kg^{-1})	$c_p/$ (kJ·kg^{-1}·K^{-1})	$10^2×\lambda/$ (W·m^{-1}·K^{-1})	$10^3×\alpha/$ (m^2·h^{-1})	$10^6×\mu/$ (Pa·s)	$10^6×\nu/$ (m^2·s^{-1})	Pr
190	12.551	6.397	2784.2	1976.6	2.7126	3.51	7.29	15.298	2.39	1.18
200	15.549	7.864	2790.9	1938.5	2.8428	3.68	5.92	15.651	1.99	1.21
210	19.077	9.593	2796.4	1898.3	2.9877	3.87	4.86	15.995	1.67	1.24
220	23.198	11.62	2799.7	1856.4	3.1497	4.07	4.00	16.338	1.41	1.26
230	27.976	14.00	2801.8	1811.6	3.3310	4.30	3.32	16.701	1.19	1.29
240	33.478	16.76	2802.2	1764.7	3.5366	4.54	2.76	17.073	1.02	1.33
250	39.776	19.99	2800.6	1714.5	3.7723	4.84	2.31	17.446	0.873	1.36
260	46.943	23.73	2796.4	1661.3	4.0470	5.18	1.94	17.848	0.752	1.40
270	55.058	28.10	2789.7	1604.8	4.3735	5.55	1.63	18.280	0.651	1.44
280	64.202	33.19	2780.5	1543.7	4.7675	6.00	1.37	18.750	0.565	1.49
290	74.461	39.16	2767.5	1477.5	5.2528	6.55	1.15	19.270	0.492	1.54
300	85.927	46.19	2751.1	1405.9	5.8632	7.22	0.96	19.839	0.430	1.61
310	98.700	54.54	2730.2	1327.6	6.6503	8.02	0.80	20.691	0.380	1.71
320	112.89	64.60	2703.8	1241.0	7.7217	8.65	0.62	21.691	0.336	1.94
330	128.63	76.99	2670.3	1143.8	9.3613	9.61	0.48	23.093	0.300	2.24
340	146.05	92.76	2626.0	1030.8	12.2108	10.70	0.34	24.692	0.266	2.82
350	165.35	113.6	2567.8	895.6	17.1504	11.90	0.22	26.594	0.234	3.83
360	186.75	144.1	2485.3	721.4	25.1162	13.70	0.14	29.193	0.203	5.34
370	210.54	201.1	2342.9	452.6	81.1025	16.60	0.04	33.989	0.169	15.7
374.15	221.20	315.5	2107.2	0.0	∞	23.80	0.0	44.992	0.143	∞

物性参数计算式

1. 干空气的物性参数经验计算式

（1）空气比定压热容

$$c_p = (1004.18 + 1.71p) + (0.260175 + 0.0057142p)t + 0.364286 \times 10^{-3} t^2$$

式中，p 为空气压力，单位为 bar，1 bar $= 10^5$ Pa；t 为空气温度，单位为℃。

或用近似式

$$c_p = 1003 + 0.02t + 4 \times 10^{-4} t^2$$

式中，c_p 的单位为 J/（kg·K）。

（2）空气［动力］黏度

$$\mu = 1.50619 \times 10^{-6} \times \frac{(t+273)^{1.5}}{t+395}$$

式中，μ 的单位为 Pa·s。

（3）空气导热系数

$$\lambda = 2.456 \times 10^{-4} (t+273)^{0.823}$$

式中，λ 的单位为 W/（m·K）。

2. 水的物性参数经验计算式

（1）水的比定压热容

$$c_{p1} = 4184.4 - 0.6964t + 1.036 \times 10^{-2} t^2$$

式中，c_{p1} 的单位为 J/（kg·K）。

（2）水的［动力］黏度

$$\mu_1 = 10^{\left(\frac{230.298}{t+126.203} - 4.5668\right)}$$

式中，μ_1 的单位为 Pa·s。

（3）水导热系数

$$\lambda_1 = 0.5980 + 1.373 \times 10^{-3} t - 5.333 \times 10^{-6} t^{-2}$$

式中，λ_1 的单位为 W/（m·K）。

附录 C 换热器传热系数的经验数值

表 C-1 常用换热器的传热系数大致范围

换热器形式	热交换流体		传热系数 K/ $(\mathrm{W} \cdot \mathrm{m}^{-2} \cdot \mathrm{K}^{-1})$	备 注
	内侧	外侧		
管壳式（光管）	气	气	10~35	常压
	气	高压气	170~160	20~30MPa
	高压气	气	170~450	20~30MPa
	气	清水	20~70	常压
	高压气	清水	200~700	20~30MPa
	清水	清水	1000~2000	
	清水	水蒸气冷凝	2000~4000	
	高黏度液体	清水	100~300	液体层流
	高温液体	气体	30	
	低黏度液体	清水	200~450	液体层流
套管式	气	气	10~35	
	高压气	气	20~60	20~30MPa
	高压气	高压气	170~450	20~30MPa
	高压气	清水	200~600	20~30MPa
	水	水	1700~3000	

表 C-2 板式换热器的传热系数

物 料	水/水	水蒸气（或热水）/油	冷水/油	油/油	气/水
传热系数 K/$(\mathrm{W} \cdot \mathrm{m}^{-2} \cdot \mathrm{K}^{-1})$	2900~4650	810~930	400~580	175~350	25~58

附录 D　常用保温材料热物理性能计算参数

序号	材料名称	耐火等级		导热系数 /(W·m⁻¹·K⁻¹)	工作温度 /℃	密度 /(kg·m⁻³)	适用范围
1	岩棉	A	不燃	0.026~0.035	-260~700	≤150	工业锅炉、设备管道、建筑内保温
2	矿渣棉	A	不燃	0.041~0.055	≤650	60~100	管道的隔热、保温
3	复合硅酸盐保温材料	A	不燃	0.028~0.045	-40~700	30~80	化工、电业罐体、管道的保温隔热
4	普通硅酸铝棉	A	不燃	0.03~0.045	<1000	80~140	窑炉、化工业、建筑业防火
5	玻璃棉板	A	不燃	0.03~0.04	-120~400	24~96	室内保温材料
6	离心玻璃棉管	A	不燃	0.032~0.035	-4~454	100~400	管道保温
7	泡沫石棉板材	A	不燃	0.033~0.044	≤600	20~40	化工、电力系统管道、设备、窑炉的保温
8	硅酸镁管壳	A	不燃	≤0.042	-40~800	190~210	适用于管道设备保温
	硅酸镁板材				-20~800		适用于蒸汽管道
9	无机墙体保温砂浆	A	不燃	≥0.04	≤600	280	外墙抹灰，代替砂浆及保温材料
10	彩钢夹芯板（岩棉）	A	不燃	0.026~0.035	-260~700	≤150	钢结构厂房外墙保温
11	橡塑海绵（一类）	B1	难燃	≤0.038	≤110	65~85	空调、风机
12	聚酯胺发泡板材	B1	难燃	≤0.025	≤120	≥30	建筑外墙保温
13	酚醛保温板	B1	难燃	0.022~0.029	≤1500	45~75	建筑外墙保温
14	阻燃挤塑板	—	阻燃	≤0.032	离火自熄	850	建筑外墙保温

注：1. 导热系数越小越好。

2. 无机墙体保温砂浆：新型保温材料，耐火等级 A 级，保温效果接近挤塑板。保温系数达到 40%以上，可以替代砂浆和保温材料。

附录 E　中国商品电热合金线材计算用数据表

电热合金牌号	表号	电阻率/($\mu\Omega \cdot m$)	密度/($g \cdot cm^{-3}$)	线材直径/mm
Cr20Ni80	A17，A16	1.08，1.09	8.30	0.05~8.00
Cr30Ni70	A12	1.19	8.10	0.05~8.00
Cr15Ni60	A15	1.11	8.20	0.05~8.00
Cr20Ni35	A18	1.04	7.90	0.05~8.00
Cr20Ni30	A18	1.04	7.90	0.05~8.00
1Cr13Al4	A10	1.25	7.40	0.05~8.00
0Cr19Al3	A11	1.23	7.35	0.05~8.00
0Cr20Al3	A11	1.23	7.35	0.05~8.00
0Cr19Al5	A9	1.33	7.20	0.05~8.00
0Cr23Al5	A8	1.35	7.25	0.05~8.00
0Cr25Al5A	A5	1.40	7.15	0.05~8.00
0Cr25Al5	A4	1.42	7.10	0.05~8.00
0Cr21Al6	A4	1.42	7.15	0.05~8.00
0Cr21Al6Nb	A13	1.43	7.10	1.00~9.00
0Cr21Al6R（HRE）	A3	1.45	7.10	1.00~10.00
0Cr27Al7Mo2	A2	1.53	7.10	1.00~10.00

附录 F　部分建筑供热负荷参考值

建筑类型	热负荷/($W \cdot m^{-2}$)	建筑类型	热负荷/($W \cdot m^{-2}$)
住宅	47~70	办公楼、学校	58~81
医院、幼儿园	64~81	旅馆	58~70
图书馆	47~76	商店	64~87
单层住宅	81~105	食堂、餐厅	116~140
影剧院	93~116	大礼堂、体育馆	116~163